疗愈公园
声掩蔽效应与设计

ACOUSTIC MASKING
EFFECT AND DESIGN OF HEALING PARK

张世伦　著

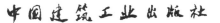

图书在版编目（CIP）数据

疗愈公园声掩蔽效应与设计 = ACOUSTIC MASKING
EFFECT AND DESIGN OF HEALING PARK / 张世伦著.
北京 : 中国建筑工业出版社, 2024. 10. -- ISBN 978-7-
112-30509-4

Ⅰ. TU986.5

中国国家版本馆CIP数据核字第2024WE9946号

责任编辑：费海玲　张幼平
文字编辑：张文超
责任校对：赵　力

疗愈公园声掩蔽效应与设计
ACOUSTIC MASKING EFFECT AND DESIGN OF HEALING PARK
张世伦　著

*

中国建筑工业出版社出版、发行（北京海淀三里河路 9 号）
各地新华书店、建筑书店经销
北京点击世代文化传媒有限公司制版
建工社（河北）印刷有限公司印刷

*

开本：787 毫米 × 1092 毫米　1/16　印张：11　字数：174 千字
2024 年 11 月第一版　2024 年 11 月第一次印刷
定价：**50.00 元**
ISBN 978-7-112-30509-4
（43812）

序　言

　　这部著作深入探讨了声景观领域的核心问题。通过文献综述、实地测量、问卷调查、实验室测量和计算机模拟等多元化研究方法的运用，作者获取了疗愈公园的声环境和声感知阈值，主导声源的声信息掩蔽机制，景观的声能量掩蔽数据库和疗愈公园的声掩蔽设计策略等价值可观、意义深远的研究成果。

　　通过阅读本书，读者不仅可以全面而细致地了解声掩蔽效应的发展历史、现状，也可以预见和把握未来趋势。

　　难能可贵的是，本书中除了专业领域，还涵盖了心理健康领域和城市规划领域的内容，作者在已有研究成果的梳理和总结的基础上，利用城市开放空间的声景和景观，设计出具有疗愈效果的城市公园。这在一定意义上是对声景观领域发展的推动和促进。

烟台大学建筑学院院长

前　言

　　城市公园是居民和游客娱乐和旅游的重要城市公共空间，按照主要功能和内容，城市公园分为综合公园、社区公园、带状公园等。但是，城市公园内的使用者饱受交通噪声的困扰。有效利用城市公园中的声景和景观不但可以掩蔽交通声的声信息和声能量，而且能够改善城市公园的声环境，甚至可以疗愈使用者的负面情绪而使其达到良好的心理健康状态。然而，近年来的相关研究明显不足，且基于心理健康的声掩蔽作用机制并不清晰。因此，本书旨在通过测量基于心理健康的城市公园声景掩蔽阈值，明确掩蔽目标和掩蔽方法，在此基础上，梳理积极声源对交通声的声信息掩蔽机制以及典型景观对交通声的声能量掩蔽机制，并最终设计和优化了可以改善使用者心理亚健康状态的疗愈公园。

　　在城市公园声掩蔽效应的现场研究中，本书通过心理漫步法调查并揭示了影响使用者心理健康的声景掩蔽因素，通过权重分析确定了交通声比例是影响使用者心理健康的最重要因素。因此，明确掩蔽来自城市公园外的交通声是本书研究最重要的任务。根据城市公园声景阈值研究结果，本书确定了掩蔽交通声的两种重要方法，即通过积极声源掩蔽交通声的声信息掩蔽法和通过典型景观掩蔽交通声的声能量掩蔽法，以便达到疗愈使用者心理亚健康状态的目的。在声信息掩蔽效应方面，本书通过在实验室中给被试者施加声音刺激的方法建立了交通声与使用者心理健康之间的关系，计算了自然声和音乐声对交通声的声信息掩蔽效应，验证了活动声在城市公园声环境中的重要性，为提出疗愈公园的声信息掩蔽方案提供了数据支撑。在声能量掩蔽效应方面，本书首先对典型景观的声能量掩蔽效应进行了测量，识别了影响城市公园景观声能量掩蔽效应的刚性景观参数和柔性景观参数，然后利用 COMSOL 多物理场仿真软件建立了景观的声能量掩蔽模型，明确了刚性景观参数和柔性景观参数与景观声能量掩蔽效应之间的关系。最终根据交通声与使用者心理健康之间的关系，提出了疗愈公园的景观设计和优化参数。本书所提出的疗愈公园声掩蔽设计，一方面，为我国城市公园声环境的研究提出了新方法；另一方面，为我国城市公园外围景观的优化策略提供了新思路。

CONTENTS

目　录

第3章
城市疗愈公园声掩蔽效应的现场分析　　　　　　　　　　047

第4章
城市疗愈公园声掩蔽效应的实验分析　　　　　　　　079

第5章
城市疗愈公园声掩蔽效应的模拟辅助分析　　　　　　107

第6章
城市疗愈公园声景观的优化设计探讨　　　　　141

第 1 章

城市疗愈公园声掩蔽效应的内涵

1.1 城市公园的心理疗愈潜力

世界卫生组织对健康的倡导正从疾病治疗逐渐转变到保健预防上，因为健康不仅仅是"没有疾病"，更全面的解释是"身体、心理、社会幸福感的完整状态" [1]。其中，心理压力引起的疾病已经成为一个不可忽视的全球性问题，已占全球疾病总量的 13%。预测到 2030 年，心理健康问题将成为全球疾病负担的主要原因 [2]。心理亚健康的人群患慢性病的概率和死亡率高于一般人群。因此，世界卫生组织指出"没有心理健康就没有健康" [3]。国家统计局数据显示，目前很多中国人处于心理亚健康状态，其原因是他们长期处于来自社会、政治、经济、情感方面的压力中。这些压力很容易引起人们的心理问题，如较高的精神压力、焦虑、分心、沮丧 [4]，而使人们处于心理亚健康状态。其带来的一系列问题也在一定程度上阻碍了社会的发展 [5]。因此，改善当代人的心理亚健康状况已迫在眉睫。

城市公园是可持续城市环境中最重要的公共空间之一，同时也是为城市居民提供休闲娱乐和保持身心健康的重要场所 [6]，因此作为本书研究对象。然而，随着城市化的蔓延，城市公园正趋于集约化发展，随之带来的声学问题是使人们暴露在严重的噪声环境中 [7]。交通噪声是城市中重要的健康风险之一，交通噪声与高血压发病率 [8, 9] 和心肌梗塞发病率 [10] 存在密不可分的联系。同时，交通噪声也可能导致心理紧张、压力 [11]、心血管疾病、睡眠障碍、认知障碍 [12] 等。

然而，合理设计和优化城市公园的景观要素，可以让城市公园具有心理疗愈效果。一方面，城市公园中的景观要素不但可以掩蔽部分交通噪声，同时与其他建成环境相比，能够使人们的注意力从日常繁杂的事务中摆脱出来 [13~15]，改善人们的心理健康和生理健康状况，促进社会健康等 [16, 17]。另一方面，城市公园中的声景观，尤其是以鸟叫声、流水声为特征的自然声也被证明具有较高的心理疗愈潜力，自然声的存在不但可以掩蔽交通噪声，还可以帮助使用者降低精神压力[18, 19]，促进情感放松和稳定，提升注意力水平从而提高学习和工作效率[20～22]。因此，城市公园声景观带来的心理疗愈功能不容小觑。

1.2　城市公园声掩蔽效应的内容与意义

1.2.1　声掩蔽效应的内容

以往的大量研究探索了城市公园与心理健康的关系，并解释了城市公园促进使用者健康受益的主因在于视觉刺激。虽然近年来也有相关研究探索了声学刺激对人们心理健康的作用效果，但大多数研究仍集中在定性分析上，并且在城市公园声环境对人们心理健康影响方面的研究依然不足，基于心理健康的声掩蔽作用机制依然不清晰。因此，本书的内容主要体现于以下几点：

（1）声环境和声感知阈值

获取促进积极心理健康的城市公园声环境和声感知阈值，为提出改善心理健康的城市公园声掩蔽策略提供目标。本书以典型城市公园的声环境为例，通过心理漫步的方法对客观声环境和主观声感知及心理健康进行实地测量，进而量化达到良好心理健康的声环境参数的最佳适宜值范围、主导声源的最佳构成比例、声环境感知的最佳听觉体验；

（2）信息掩蔽机制

探索积极声源对交通噪声的信息掩蔽机制，为提出调节心理健康的城市公园声信息掩蔽策略提供数据支撑。本书从声信息掩蔽的角度出发，通过基于心理健康的声信息掩蔽实验室测量，计算出基于心理健康的自然声和音乐声等积极声源对交通噪声的信息掩蔽机制，以期达到通过声环境改善使用者心理健康的设计目标；

（3）能量掩蔽机制

探索景观要素对交通噪声的能量掩蔽机制，为提出改善心理健康的城市公园声能量掩蔽策略提供优化路径。本书从声能量掩蔽的角度出发，通过城市公园声环境模拟实验，计算城市公园中景观要素对交通声的能量掩蔽机制，结合前期声景观阈值和声信息掩蔽机制，建立基于心理健康的城市公园声能量掩蔽模型，为城市公园及其他城市绿色空间声环境优化提供设计依据。

1.2.2 声掩蔽效应的意义

与其他城市绿色空间相比，城市公园暴露出的声学问题最为严重。这是因为森林公园和郊区公园等绿色空间经常分布于远离城市主城区，相比之下城市公园更接近城市主城区，其受到交通声的影响更严重。城市公园不但具有丰富的景观要素和声景要素，而且就可达性而言，其在改善使用者心理健康方面最具优势。因此，本书基于心理健康的城市公园声掩蔽效应研究在提升城市公园的声环境品质，充分发挥城市公园声环境优越性能等多方面具有重要理论意义和现实意义。

（1）理论意义

本书以使用者的心理健康需求和城市公园的发展为基础，结合风景园林学、声学、环境心理学、社会统计学等学科，以及目前城市公园心理疗愈理论成果和技术分析方法，针对城市公园声环境问题展开研究。从主观和客观两个方面完善和发展城市公园研究体系，为我国基于心理健康的城市疗愈公园研究和疗愈公园设计策略提供理论基础，同时对城市疗愈公园进行声环境设计标准制定、声学性能评价、声环境方案设计以及优化等多方面也具有重要的理论意义。

（2）现实意义

我国正积极倡导和鼓励公共健康，通过调控城市公园声环境促进人们的心理健康，一方面有利于节约公共卫生医疗成本，缓解医疗资源的压力；另一方面，有利于改善城市公园的声景观，为使用者提供最佳的视听体验。而且本书以使用者的主观感知为出发点和落脚点，能够真实地反映出使用者的心理需求。同时，本书以使用者心理健康为目标，以声掩蔽为路径，不但为城市疗愈公园与心理健康的相关研究提出了新思路和新方法，而且能够为有效化解人与环境的矛盾问题创造了条件。

1.3 声掩蔽效应与心理健康的研究成果

1.3.1 声景观指标的探索

声景观作为改善声环境的重要方法之一，已经在城市开放空间的声环境研究和案例中得到广泛讨论。与传统的噪声控制不同，声景观是个人或群体所感知的、在给定场景下的声环境，声景观注重感知，而非只看作物理量；考虑积极正面的声音，而非只看作噪声；将声环境看成是资源，而非只看作"废物"[23]。近年来，一些学者也已经发现了声景观的心理疗愈潜力[19, 24, 25]，因此应用声景观的相关方法改善城市公园中使用者的心理健康问题是行之有效的。应用声景观法，一方面有利于控制影响使用者心理健康的消极声学因素，另一方面，可以利用促进使用者心理健康的积极声学因素改善城市公园的声环境[26, 27]，如适宜的客观声环境营造、积极的声源选择、良好的声学设计等。

近年来，国内外的相关学者正在为探索影响心理健康的声景观要素做出积极努力。在影响心理健康的声景因素中，声感知指标和声环境指标是最重要的两个因素，见表 1-1。

声环境指标的 3 个层级　　　　　　　表 1-1

一级指标	二级指标	三级指标	定义
声感知	声源感知	种类感知	描述的是使用者对声环境中声源种类的识别
		强度感知	描述的是使用者对声环境中声源强弱的判断
	声环境感知	宁静度	描述的是使用者对总体声环境声音强弱的判断
		声舒适度	描述的是使用者对总体声环境听觉舒适度的判断
		声多样性	描述的是使用者对总体声环境声音种类数量的识别
声环境	声压级	等效 A 声级	指在一定时域范围内，等效平均声能量的 A 计权声压级（L_{Aeq}），单位 dB（A）
		前景声压级	指在一定时域范围内，对声音进行降序排列，超过前 10% 的声压级（L_{10}），单位 dB（A）

续表

一级指标	二级指标	三级指标	定义
声环境	声压级	背景声压级	指在一定时域范围内，对声音进行降序排列，超过前90%的声压级（L_{90}），单位 dB（A）
		平均声压级	指在一定时域范围内，对声音进行降序排列，超过前50%的声压级（L_{50}），单位 dB（A）
	心理声学	响度	描述对声音的强度感知，是介于感知和物理量之间的指标，单位 sone
		粗糙度	指在高调制频率下，响度快速变化导致的嘈杂、刺耳和粗犷等感知，其最大值接近 70Hz 的调制频率，单位 asper
		尖锐度	指声音高频成分占频谱的占比，描述对声音的高频感知，反映了声音的音色，单位 acum
		波动强度	指在低调制频率下，响度缓慢变化导致的感知，其最大值接近 4Hz 的调制频率，单位 vacil

声感知指标是使用者受到城市公园声环境刺激后的感受，包括声源感知和声环境感知。其中，声源感知常用使用者对声环境中声源种类的识别和对声音强弱的判断[28]来表示，声环境感知在声景领域相关研究中常用宁静度、声舒适度、声多样性[29]等指标来反映。

声环境指标在用来评价城市公园中时主要有声压级和心理声学两个参数维度。其中，声压级包括了等效 A 声级、前景声压级、背景声压级、平均声压级等，心理声学包括了响度、粗糙度、尖锐度、波动强度等。

在开放空间的声景观要素研究中，声感知指标和声环境指标两者相辅相成，缺一不可。声感知指标反映的是使用者对单一声源或总体声环境的主观评价，而声环境指标反映的是环境中的客观声学物理量。

1. 声感知指标

有学者认为特定类型的声音在影响心理健康方面比整体声压级更重要[21]，不同声源会刺激使用者产生不同的声感知，从而影响其心理健康。一些学者将城市公园的声音分为 4 种类型，分别是交通声（如汽车声、火车声、公交车声）、机械声（如风扇声、工业声、施工声）、人声（如交谈声、笑声、嬉戏声、脚步声）和自然声（如鸟叫声、风声、水流声）[30~33]。其研究认为自然声是影响情绪和认知能力的重要因素，通过自然声调节自主神经系统，能够对情绪层面和认知层面的心理健康产生一定的积极效果[34~36]。例如，曾有学者用噪声数值为60.0dB（A）的鸟叫声和古典音乐的混合声分别刺激受试者15min和30min[37]。结果显示，这些声学刺激均能够明显降低使用者的沮丧和生气情绪。还有研究表明在以交通声为主导声源的声环境中，人们的心理状态通常都是不舒适的，而在以自然声为主要声源的声环境中人们的感受却一致与之相反[38, 39]。还有一些研究证明了自然声的优势[40~43]，例如，某项研究表示在对受试者施加有压力任务后，分别用同声压级的自然声（鸟叫声和喷泉声的混合声）和交通声刺激被试者。结果显示，自然声更能引发被试者的愉悦情绪。这是因为鸟叫声、喷泉声的刺激能够使人放松并转移注意力，忘记烦恼和压力。

声环境感知也在很大程度上决定了心理健康的水平[22, 44]。相关研究证实了宁静度、声舒适度与心理健康显著相关，且随着声舒适度的增加，心理健康水平呈下降趋势。还有一些学者证明了宁静度是影响城市公园中使用者心理健康的最重要因子之一[18, 19, 45]。近年来，又有学者认为物种的丰富程度是影响心理健康的又一重要因素。其中，植物等生物物种的颜色、形态和声音的多样性影响了使用者心理健康，均在后来的研究中得到了验证[18, 45]。

2. 声环境指标

以往的研究表明居民的心理健康水平和当地的经济效益没有关系，而是与居民所处的声环境有直接关系。与吵闹区域相比，安静区域能够促进身体和心理恢复健康[22]。声压级是评价声环境的一项重要参数，有学者在一项声学刺激如何影响使用者心理健康的研究中，分别用80.0dB（A）和50.0dB（A）的交通声刺激被试者，结果显示被试者们的愉悦情绪水平存在显著差异[42]。也有学者研究了办公人员在工作两小时后的认知状态。结果显示，与39.0dB（A）的低声压级环境相比，在51.0dB（A）的高声压级环境中被试者的记忆力表现下降更多，在高声压级中工作两小时后的疲惫程度高于在低声压级环境[40]。

心理声学是心理学领域中研究与声音相关的心理和生理反应的科学分支，它涉及物理刺激和听觉之间的定量联系[46]。心理声学参数，例如响度、粗糙度、尖锐度、波动强度，能够详细描述声环境的特征，并允许关联物理现象即声环境到声学环境即声景观的感知结构[47]。在一项由 36 名儿童参与的视听交互实验中[48]，研究人员分析了心理声学对儿童心理健康的影响。结果显示，与心理健康存在正相关关系的是波动强度和尖锐度，而显示与之为负相关关系的是响度和粗糙度。

1.3.2　声掩蔽效应的应用

声掩蔽法是改善城市公园声景品质的重要方法，其原理是利用植被和土壤等过滤和反射声线，降低传输过程中的声能量，从而达到降低消极声的声能量效果，即声能量掩蔽；或利用人们想要或喜欢的声音去掩蔽人们不想要或不喜欢的声音，即声信息掩蔽。目前，世界各国已经实施了很多实际的声掩蔽项目，如英国伦敦、德国柏林、比利时安特卫普、瑞典斯德哥尔摩、荷兰阿姆斯特丹和代尔夫特、美国纽约布鲁克林区等城市或地区都推进了声景掩蔽范例项目。

1. 声信息掩蔽效应

城市公园中的自然声，包括鸟叫声、虫鸣声、水流声等具有促进心理健康的效果，因为它们会降低非自然声音的影响[36]。其中，水流声是公认的声环境中的重要元素，所以通常被用作掩蔽物，以改善声景品质。英国谢菲尔德市中心火车站广场就是一个很好的例子，在不锈钢的隔声屏障上设计流水幕，一方面降低交通声的影响，另一方面加强自然声的掩蔽效果。另外，有学者比较了参与者在受到来自牙科器械涡轮机声和溪流声刺激时大脑活动和收缩血压的变化，他们发现利用溪流声掩蔽涡轮声能够降低血压和大脑活动，从而减少压力。因此，应用自然声掩蔽交通声的技术也是改善使用者情绪状态和提高其认知能力[49~51]的方法之一。

近年来的相关研究在声源距离、声压级、响度、种类等方面探索了声信息掩蔽的影响效果。在一项斯德哥尔摩城市公园的双耳闻听实验中[52]，实验者要求 17 名参与者评估不同距离的交通声和喷泉声的响度，并发现在距喷泉 20.0 ~ 30.0m 范围内两种声音的响度基本一致。在一项关于情感品质的听力实验中[49]，研究者将交通声与不同声压级的喷泉声或鸟叫声进行组合，并分析了不同组合下被试者的心理差异。研究发现只有当交通声的时域变化低时，喷泉声的掩蔽效果才会降低道路中交通声的响度，且仅在平均时速为每小时 70.0km 以下、流量为每小时 600 辆以内的交通状况中效果才会明显。其中时域描述的是声波信号与时间的关系，交通声的时域表示交通声的声波信号会随时间变化而变化，这种变化可能是声音频率的变化也可能是声音强度的变化。值得注意的是，添加鸟叫声反而能够显著增强声景观的愉悦性和多变性。这两种声音的效果差异可能是其时域特征不同导致的，所以鸟叫声获得了更多的注意力。在一项由 37 位受试者组成的实验室研究中[53]，研究者分别比较了喷泉声、雨声、瀑布声对焊接声的掩蔽效应。研究发现，与其他两种声音相比，喷泉声的信息掩蔽效果最好；而且当喷泉声压级比焊接声压级低时，烦恼度有所减少；当喷泉声压级与焊接声压级相同时掩蔽效应最佳，其烦恼度降低了 29.0%；但是当这 3 类声音的声压级均超过焊接声压级时，烦恼度反而增加了。

2. 声能量掩蔽效应

声能量掩蔽法常被应用在城市声环境优化设计中，如通过设置隔声屏障防止高速公路的交通声向外蔓延，通过安装刚性噪声墙体阻断交通声和施工声等对住宅区的侵害，通过在城市绿色空间边缘种植密集树带吸收消极声能量等。在城市公园声环境的设计中，较为常用的声能量掩蔽方法是利用声学上的刚性和柔性景观掩蔽交通噪声。声学上的刚性景观一般为堤坝或刚性墙体，而声学上的柔性景观一般为表面覆盖多孔土壤或种植茂密植被的山坡和平地等。在声学上的刚性景观方面，一些亲水性的城市公园常用堤坝作为噪声屏障防止交通声的侵害，如一些学者介绍了通过对梯形堤坝顶面进行粗糙化处理，达到降低交通声的效果[54]。当护堤表面在声学上是刚性时，表面粗糙度尤为重要，而当护堤被草覆盖或当构造材料更多孔隙时，粗糙化的效果将变得不那么明显。利用刚性隔声屏障也是一种掩蔽交通声的重要手段[55]，如美国布鲁克林大桥公园案例中，在人造山丘上种植植被不但为游客提供了较高的观景点，而且还可以隔挡并反射来自布鲁克林大桥旁边的布鲁克林—皇后区高速公路的交通声。

在以往的一些研究中，通过探索低矮柔性景观和中高柔性景观的吸声和散射作用，分析了柔性景观的声能量掩蔽效应[56~60]。低矮柔性景观一般包括土壤、低矮植被、灌木等[61]，而中高柔性景观则以较高的乔木为主。其中，低矮植被的存在可以使土壤软化，把土壤变成更加多孔的吸声材料，但这种效果仅在1000Hz频段以下明显。而土壤的存在可能会导致声能量在传播过程中受到破坏性干扰[62]。例如在某社区声环境改造研究中发现，改造为滩涂湿地后的整体噪声水平降低了3.3dB（A），局部区域的降噪效果甚至达到了11.0dB（A）[63]。在中高柔性景观中，乔木的叶片能够与声音产生强烈的相互作用，从而导致声音的散射和吸收，其吸声是由于声音离开叶片表面后的黏弹效果和阻尼振动引起的，但是这种吸声效果仅在高频声中显著。一些研究表明树干对声音具有一定的反射、衍射、散射作用[64]，但其躯干高度并不重要。这是因为车辆产生的噪声源主要出现在路面以上的低处[65]。以往的研究表明，绿色屏障、绿色外墙（树带）可以通过对声波的衍射、吸收或破坏性干扰将噪声水平降低5.0~10.0dB（A）[54]。但是，以往的研究指出宽度至少为30m的茂密树林才具备明显的降噪效果，且降噪水平仅为5.0dB（A）。还有一些研究认为树带的宽度并不是影响其降噪效果的关键因素[66]，树带的可见度最为重要[58]，高度和长度次之，声压级计的麦克风高度和间距的影响最小。除上述影响因素外，树木的间距、树干的直径、排列方式[67]、孔隙率[68, 69]等在降低交通声声能量方面也很重要。其中，树间距和树干直径会增加树木的基底面积，从而增加树林的降噪效果。

1.3.3　心理健康与疗愈理论

以往的研究探索了城市公园与心理健康的关系，并指出置身于城市公园中会对消极情绪的恢复产生积极作用，如减压、放松、平衡、镇静效果[70]。同时，与自然接触还可以提高认知注意力以及学习和工作表现。大量研究认为城市公园的健康疗愈效果来源于景观元素的视觉刺激，他们认为绿色视觉能让患者在疾病后减轻生理压力和更快康复[71]。视觉刺激在带来生理变化的同时也会改变使用者的心理健康，因为观看"绿色自然"可以降低心跳和血压，并刺激副交感神经系统，使交感神经系统平静，从而让使用者更容易感到放松、愉悦、有精力等[72]。

（1）减压理论与注意力恢复理论

城市公园改善心理健康研究始于两大重要的心理学理论，即减压理论和注意力恢复理论。这两大理论分别从情绪层面和认知层面来反映自然环境对使用者心理健康的影响。其中，减压理论强调自然环境对于缓解压力的重要性，其理论重点在于通过与自然环境的相互作用减少自主神经兴奋和舒缓消极情绪，以减少生理和心理两方面压力。该理论认为与自然接触会迅速释放一个人的负面情绪，然后积极的情绪带来积极的动机、生理平衡、行为冲动和适应性行为。注意力恢复理论是用 4 个认知层面的心理状态，即远离性、吸引性、程度性、兼容性，来测量从环境中带来的自我感知的注意力恢复效果，该理论重点在于通过与自然接触转移注意力，暂时缓解精神疲惫感，从而恢复注意力[73]。

为了量化城市公园中使用者的心理健康水平，以往的研究主要根据减压理论和注意力恢复理论提出了若干基于情绪和认知层面的相关量表理论。

在情绪量表理论方面，以往的研究最先应用情绪状态量表[74]来评价使用者的 6 种情绪状态，分别是紧张、沮丧、愤怒、精力、疲劳和困惑。为了更高效地测量使用者的情绪状态，有学者提出了更简洁的情绪状态量表[75]，将原来的形容词数量缩减到 35 个。近年来，该量表已被广泛用于评价城市公园中心理反应的研究中[76~78]。这些心理反应考虑到自然环境能够引起的积极情绪，如心神安宁、精力充沛，以及能够减少的负面情绪，如生气、悲伤、疲惫。还有一些学者发现以往的情绪研究中始终出现两个正交维度的情绪状态，即积极情绪和消极情绪[79]。积极—消极情绪量表[80]随之出现，这些学者认为用该量表评价城市公园中的心理健康更为准确。其中，有 5 项用来评价积极情绪，即有活力、坚定、专心、受鼓舞、警觉；另 5 项用来评价消极情绪，即担忧、紧张、心烦、敌意、羞愧。

在认知量表理论方面，最早提出的是感知恢复量表[81]。目前，该量表已经被广泛用于评价城市公园中使用者的认知心理健康，并已得到验证[82~84]。该量表应用 16 个问题来反映 4 个维度的认知状态，即远离性、吸引性、相干性、兼容性。随后，有学者从原版感知恢复量表中挑选出信度和效度最高的 8 个问题来反映上述 4 个维度的恢复状态。此外，多数学者认为认知层面的心理健康也应该是两极的，即积极的和消极的 [85]，如精力—疲惫、集中—分心 [86]。

（2）心理量表在声景中的应用

以往的研究结合声景观和心理健康量表探索了声景观对心理健康的影响，并分别量化了声景观相关的情绪层面和认知层面的心理健康。

在情绪层面，一些学者 [37] 应用情绪状态量表量化了由声景观要素引起的心理健康变化，并用抑郁、焦虑、愤怒、困惑、活力、疲惫等形容词比较了 60.0dB（A）鸟叫声和 60.0dB（A）古典音乐刺激下心理健康的差异。还有一些学者利用瑞典的《声景品质协议》[87] 中的量表评估了声感知下的情绪状态。该量表中包括 8 个形容词，即恼人、平静、混乱、多事、激动、单调、愉快、无常。近年来，相关研究 [88] 应用愤怒、焦虑、迷失、恐惧等形容词探讨了城市公园声景观对情绪层面的心理健康的影响。结果显示，尽管声舒适度和宁静度与心理健康显著相关，但这些变量能够解释的现象不足 20%。

在认知层面，有学者发现声景观对心理健康是有益的 [21]，他将注意力恢复理论应用到声景观领域的研究中，提出并验证了一种可靠和有效的声景感知恢复量表，并应用该量表评价了城市公园的声景观在认知层面的心理健康影响。一些学者在其基础上进行了一项城市公园和教室的视听环境对认知心理健康影响的实验 [48]。他们认为受试者在受到声学刺激后的注意力水平能够反映其心理健康变化 [41]。此外，精神上的疲惫也被认为属于声景观引起的认知层面的心理健康 [40]，包括疲惫不堪、缺乏动力等。

1.3.4　研究成果总结

综上所述，国内外学者就城市公园和心理健康方面开展了大量研究，与自然接触所产生的心理健康是基于多感官的，包括视觉、听觉、嗅觉、触觉等。以往的许多研究主要是基于视觉因素探讨城市公园和心理健康之间的关系。虽然一些研究证明了声学因素引起的心理差异，但是城市公园声环境和心理健康方面的研究依然存在一定的局限性。例如，大多数研究仅停留在了定性分析的表面层次的探讨，缺乏更深层次的影响程度和控制机制的研究，并缺少定量的实验论证和数据支撑。

在声景观和心理健康的关系方面，情绪层面和认知层面的心理健康往往被分开研究。而且，以往的研究认为情绪和认知都是成对出现的，并分别包括积极的和消极的两个方面，但这一观点的有效性在声景观领域并未得到验证。在声环境方面，以往的研究仅定性地分析了声压级对心理健康的影响。虽然有的研究考虑了心理声学在认知层面的作用，但在相对复杂的声环境和人群中，其证词依然不够充分。城市公园中的声环境一般是由多个声音组成的复杂环境，各类声源并不是独立存在的，而在以往的实验室研究中，各种声源的作用效果被单独研究，各声源强度和比例不同的声源组成及其阈值的影响往往被忽视。在声环境感知方面，以往的研究证明了生物多样性是影响心理健康的重要因素，但是实验中并未表明这种多样性是基于视觉的还是听觉的。声舒适度本应是评价声环境的重要指标，但以往的相关研究仅解释了声舒适度和宁静度的影响。

在声信息掩蔽效应的研究方面，尽管以往的研究探索了自然声，包括鸟叫声和水流声等对消极声，包括交通声、机械声等的掩蔽作用，但这些掩蔽作用都是基于生理反应考虑的。另外，如果在带状公园等类型公园中通过改善其生态系统增加自然声似乎很难实现，尽管在综合公园中加入自然声具有一定的可能性，但是在经济上这可能存在一定的阻碍。

在声能量掩蔽效应的探索方面，以往的相关研究主要集中在单纯的降噪手段和技术上，但传统降噪方式并不一定能够有效改善使用者的主观评价和心理健康。就刚性景观的声能量掩蔽效应而言，尽管以往的研究探索了刚性屏障对城市交通声的隔声效果，但其应用在城市公园中似乎欠缺美感和经济性。还有一些城市公园的案例应用了土丘的声学性能屏蔽交通声，但仍然没有相关研究建立土丘等刚性景观与声能量掩蔽效应之间的设计参数。就柔性景观的声能量掩蔽效应而言，以往的相关研究主要集中在树带的降噪效果方面，虽然一些研究探索了树带的树种、宽度、种植方式等与吸声量之间的关系，但树带的排布方式和组合模式等对交通声的声能量掩蔽效应依然没有得到系统的研究。而且，其他类型的柔性景观,如草地、多孔土壤、柔性铺装,以及混合式景观的声能量掩蔽效应依然存在研究空白。

因此,本书结合上述现象和问题,研究了基于心理健康的城市疗愈公园声掩蔽效应,给出了基于心理健康的城市公园声景掩蔽阈值,建立了声信息掩蔽效应与使用者心理健康之间的关系,得到了改善使用者心理健康的刚性景观参数和柔性景观参数,最终提出了基于心理健康的城市疗愈公园声环境设计和优化参数。

1.4 疗愈公园声掩蔽效应的3个关键要素

本书是声景观领域、环境心理学和景观领域的多学科研究。本书围绕"城市公园""声掩蔽效应""心理健康"3个关键要素展开,一方面探索影响心理健康的城市公园声环境、声感知因素,另一方面研究城市公园声掩蔽机制和声环境优化设计参数。本书主要包括3个方面的研究内容,分别是声景掩蔽因素的现场实测研究、声信息掩蔽效应的实验室研究、声能量掩蔽效应的模拟辅助研究。

1.4.1 城市公园

根据《城市绿地分类标准》(CJJ/T 85—2017)[89],按照主要功能和内容,城市公园分为综合公园、社区公园、带状公园等。其中,综合公园和带状公园,尤其是3边或4边接壤交通干道的矩形综合公园,以及与交通干道直接相邻的、单边或双边接壤交通干道的带状公园,在本书中被选为典型调查地点。其原因在于与其他类型的城市公园相比,综合公园中有丰富的自然声,对于声感知和声信息掩蔽效应更具研究代表性;而带状公园受到交通噪声的影响最大,为研究景观要素的声能量掩蔽效应提供了典型案例。

1.4.2　心理健康

本书中的心理健康是基于减压理论和注意力恢复理论提出的，指当使用者受到城市公园中声环境刺激时，所引起的情绪和认知层面的心理变化[90, 91]。本书结合积极—消极情绪量表、情感状态量表、压力恢复量表等提出了以下几点：本书认为城市公园中始终存在两个层面的心理健康，即情绪层面和认知层面。其中情绪层面的心理健康主要体现在使用者的情绪状态，如愉悦、沮丧、焦虑等[76, 79]。而认知层面的心理健康主要表现在使用者的精神状态，如专注、分心、疲惫等。本书认为城市公园中使用者的心理健康应该是两极化的，即积极的和消极的，所以本书的心理健康指标是成对出现的，如愉悦—沮丧、开心—生气等。

1.4.3　声掩蔽效应

声掩蔽作为改善声景体验的重要方法，已经被广泛用于城市开放空间的声环境优化案例中。本书中的声掩蔽主要包括两个方面，即声信息掩蔽和声能量掩蔽。其中，声信息掩蔽是利用城市公园中能够令使用者达到良好心理健康状态的积极声源，如自然声和音乐声刺激使用者，从而减少使用者在交通声上的注意力。声能量掩蔽是利用城市公园中的景观吸收和反射交通声的声能量，如树带和刚性界面等，从而降低使用者接收到的声能量。声掩蔽效应反映的是积极声源和景观掩蔽交通声等声音的能力。

在城市疗愈公园声掩蔽阈值研究方面，本书首先基于减压理论和注意力恢复理论，用愉悦—沮丧、放松—紧张、精力—疲惫、专注—分心这4对形容词评价情绪和认知两个层面的心理健康。其次，研究城市公园的声环境对心理健康的影响，其中城市公园的声环境指标包括声压级、声频率和心理声学参数。然后研究城市公园的声感知对心理健康的影响，其中城市公园的声感知包括声源感知和声环境感知等。研究进一步开展基于心理健康的使用者漫步调查和实施，获取城市公园中的声景掩蔽因素。在此基础上，建立影响城市公园中人们心理健康对于声景掩蔽因素的声环境和声感知回归模型，计算出达到良好心理健康水平的声环境参数的最佳适宜值范围、主导声源的最佳构成比例以及声环境感知的最佳听觉体验。

在城市疗愈公园声信息掩蔽效应研究方面，本书通过声信息掩蔽实验室测量，计算总结出积极声对交通声的声信息掩蔽机制。首先，在选取的城市公园内获取典型的声音样本。如自然声、音乐声、活动声和城市公园外的噪声样本，如交通声。然后，调查这些声音样本在典型时间段内的分布规律，并对其按照点声源、线声源、面声源进行分类，然后对这些声源的声压级和声功率进行测量和近似计算。在此基础上，分析各声音样本的频谱和心理声学指标。在实验室测量过程中，对受试者施加不同的声音组合刺激，计算出自然声、音乐声对交通声的声信息掩蔽效应。

在城市疗愈公园声能量掩蔽效应研究方面，本书建立了城市公园声环境掩蔽模型用以研究景观参数对声能量掩蔽效应的作用机制。首先将声能量掩蔽效应的研究对象划分为声学上的刚性景观和柔性景观。其中，声学上的刚性景观，如山坡、刚性坡道、刚性台阶等，主要以反射声的方式掩蔽交通声声能量。而声学上的柔性景观，如草坪、乔木、灌木等则主要以吸收声能量的方式掩蔽交通声。就刚性景观的声能量掩蔽效应而言，本书研究了刚性景观参数，如梯面宽度、梯面高度、坡面坡度与反射量的关系。就柔性景观的声能量掩蔽效应而言，本书通过模拟辅助研究获取了柔性景观参数，如材质、流阻率、孔隙率与吸声量的关系。

1.4.4 研究方法与技术路线

本书的研究方法主要包括现场调查、实验室测量、问卷调查、计算机模拟、统计分析。

1. 现场调查

该方法的目的在于获取城市疗愈公园声景掩蔽因素，并识别影响城市公园景观声能量掩蔽效应的景观因素。首先在声景掩蔽因素研究中，通过心理漫步应用该方法同时收集城市公园声环境数据、使用者的声感知数据及其心理健康数据。其次在声能量掩蔽效应研究中，应用该方法收集典型景观的声能量掩蔽效应数据。

2. 实验室测量

该方法用于获取积极声对交通声的声信息掩蔽效应数据。首先利用 10 通道声学数据采集器获取城市公园中的典型交通声、自然声、活动声的数据，在音乐软件中筛选音乐声，然后通过声学软件对所收集的声音样本进行编辑，最后在实验室中对被试者施加经编辑的声音刺激后，采集使用者的感知数据。

3. 问卷调查

该方法主要应用在城市疗愈公园声景掩蔽因素研究和声信息掩蔽效应研究中。在这两项研究中，应用该方法收集使用者的声源感知数据、声环境感知数据和心理健康数据。

4. 计算机模拟

该方法主要应用在景观参数与声能量掩蔽之间的关系研究中。根据影响城市公园景观声能量掩蔽效应的景观因素识别结果，应用该方法建立景观声能量掩蔽效应模型，得出影响声能量掩蔽效应的景观参数。

5. 统计分析

该方法主要应用在城市疗愈公园声景掩蔽因素研究、声信息掩蔽效应研究和声能量掩蔽效应研究中。应用该方法验证掩蔽研究中的数据是否服从正态分布，检验问卷的信度和效度，然后对这些数据进行相关分析、方差分析、回归分析等。

本书的技术路线见图 1-1。

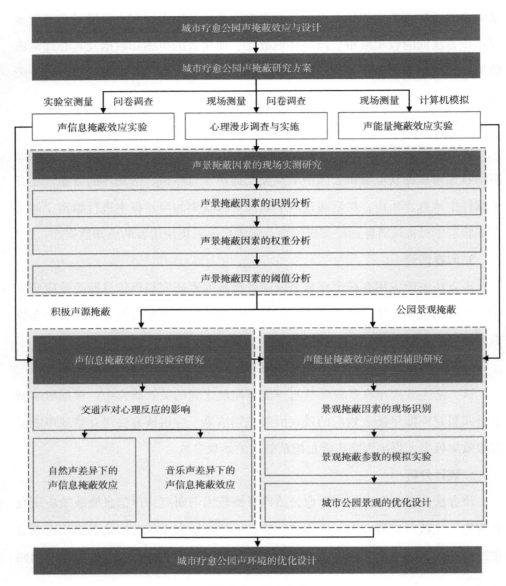

图 1-1　技术路线

第 2 章

城市疗愈公园声掩蔽效应的
调查方法与量化方案

本章主要介绍城市疗愈公园声掩蔽效应的调查方法，包括心理漫步调查与实施过程，声信息掩蔽效应实验，以及声能量掩蔽效应实验。

· 在心理漫步调查与实施过程中，本书首先对城市公园的声景进行了调查，然后在典型城市公园中实施了心理漫步调查，并对调查结果进行了统计分析，最终获取了声景掩蔽阈值数据。

· 在声信息掩蔽效应的实验过程中，本书通过现场采集和网络筛选的方式建立了典型声音的样本库，然后在实验室中将样本库中的声音样本施加在被试者上，从而获取了声信息掩蔽效应数据。

· 在声能量掩蔽效应实验过程中，本书通过测量典型景观的声能量掩蔽效应，识别了影响景观声能量掩蔽效应的景观因素。在此基础上，通过计算机软件模拟并验证了典型景观的声能量掩蔽效应。

2.1 心理漫步的调查与实施方案

心理漫步是在某城市公园中设定一条预游览路线，并在该路线上根据要求由实验员选择设定若干声景驻留点，然后邀请被试者按照预设路线进行游览。实验员在途经的声景驻留点上收集声环境的客观数据和被试者在声感知和心理健康方面的主观数据。该方法来源于声景领域的声漫步法，与声漫步法相比，本书中的心理漫步注重声源感知和心理健康的关系，而非仅关注声环境[92]和环境感知[93]。在心理漫步法的调查与实施开展之前，本书将研究内容细分为3点。首先，城市公园声景观是否能够影响使用者的心理健康，即城市疗愈公园是否需要声景观参与；其次，哪些因素是影响城市疗愈公园中使用者心理健康的关键因素；最后，城市疗愈公园声景观对使用者的心理健康的影响程度如何。根据这些研究问题，本书通过文献调查和预调研等方法提出了若干影响城市公园使用者心理健康的潜在主客观因素，并通过心理漫步的设计和实施，调查并收集了城市公园声景观的相关数据和使用者心理健康的相关数据。心理漫步的调查与实施主要包括调查地点的选择、声景驻留点的选择、被试者的招募、声环境测量、问卷调查和统计分析。

2.1.1 城市公园声景调查

1. 调查地点的选择

本书选择了两个典型的城市公园作为调查地点，分别是哈尔滨市的丁香公园和音乐公园。选择典型城市公园作为调查地点对本书具有重要的实践意义。随着城市化进程的不断推进，城市公园将越来越具有多功能性，并且将成为具有良好可达性、组织性和声源多样性的疗愈场所。其中，丁香公园为综合公园，占地面积43.1hm²，周围有4条道路，包括3条主干道和一条次干道。而音乐公园为带状公园，总长度近 3.6km，其一侧毗邻一条主干道，另一侧接壤松花江。

本书选择丁香公园和音乐公园作为调查地点的原因可以归纳为以下 3 点。首先，就活力程度和可达性而言，这两个公园都是居民和游客高频访问的城市公园，且距离市中心都并不远；其次，就形态的几何性而言，这两个城市公园的平面形式分别是近矩形和近线形，与其他不规则形状的城市公园相比，这两种类型的城市公园，尤其是靠近交通干道的部分，受到交通声的影响较为严重；最后，就自然性和生态性而言，这两个城市公园均含有丰富的景观（如多种植被、山体、山丘和湖泊）和声景观（如交通声、自然声、活动声和音乐声）。其中，自然声主要为鸟叫声和虫鸣声；活动声是人们在城市公园休息、散步、锻炼的声音，包括谈话声、脚步声等。在预调研中发现，交通声、自然声、活动声是丁香公园中的主导声源。音乐公园的主导声源包括交通声、音乐声、活动声，而自然声被识别的几率小于 10.0%，这是因为音乐公园的公园形态不适合鸟类或其他物种栖息，所以其自然声比例相对较低。以往的研究表明，交通声是影响使用者声景体验的消极因素，自然声和音乐声是增加使用者舒适感的积极因素，而活动声的功能在不同情境因素下的表现不同。由于这两个公园声源组成中的相同点是都存在交通声和活动声，因此为了探究城市公园的情境因素差异，以及主导声源组成差异下的声景观对心理健康的影响，并为城市疗愈公园声信息掩蔽效应研究打下基础，本书将丁香公园定义为以自然声为特征的城市公园，而音乐公园为以音乐声为特征的城市公园。

2. 声景驻留点的选择

声景驻留点的选择是心理漫步的重要环节。在初步调研过程中，本研究组织了由 4 位风景园林专业的志愿者组成的实验员小组，分别在所选的两个城市公园中按照既定预游览路线进行游览，然后标出在声景观方面给他们留下深刻印象的驻留点，该声景驻留点的选择与声漫步 [94] 方法中测量点的选择类似。然后筛选根据志愿者对声景驻留点大于 80.0% 的偏好权重和被判断为无明显视觉差异的景观，最终在两个公园中分别确定了 30 个声景驻留点并标号。通过志愿者筛选，所选择的声景驻留点均无明显存在视觉差异的景观，其目的在于，尽量避免被试者在心理漫步的过程中受视觉因素的影响。

在以自然声为特征的丁香公园中，其中的 3 个驻留点（标号：D_6、D_{15}、D_{19}）位于公园湖泊周围，4 个驻留点（标号：$D_1 \sim D_3$、D_{25}）位于公园广场上，其他驻留点（标号：D_4、D_5、$D_7 \sim D_{14}$、$D_{16} \sim D_{18}$、$D_{20} \sim D_{24}$、$D_{26} \sim D_{30}$）位于公园路径上（图 2-1）。在以音乐声为特征的音乐公园中，其中的 6 个驻留点（标号：Y_5、Y_8、Y_{10}、Y_{15}、Y_{20}、Y_{26}）分布在公园广场上，其他驻留点位于相同高度的公园路径上（图 2-2）。

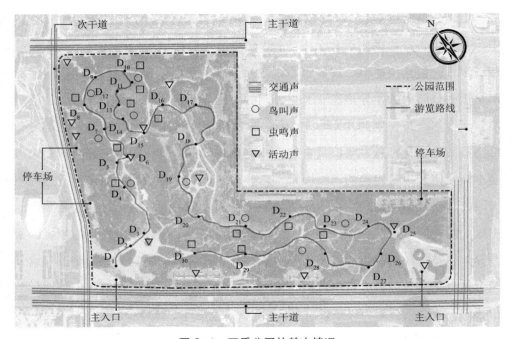

图 2-1 丁香公园的基本情况

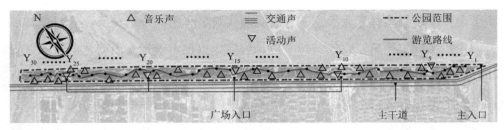

图 2-2 音乐公园的基本情况

2.1.2 心理漫步实施过程

1. 心理漫步时间选择

该项调查实施于 2018 年夏季和秋季的晴朗天气下午（13:30～17:30）[95]，两个时间段分别是 5 月 6 日～6 月 27 日和 9 月 20 日～10 月 20 日。本实验选择夏季和秋季的主要原因在于季节的活力程度和典型性，以及研究实施的可行性。在活力程度方面，初步调查结果显示，夏季和秋季的城市公园中居民和游客的访问量明显高于春季和冬季，由于本书是基于使用者心理健康的研究，所以春季和冬季并不适合作为研究时间段。在典型性方面，哈尔滨夏季和秋季的持续时间高于春季，尽管冬季的持续时间相对较长，但由于气温相对较低，居民和游客并不会长时间置于室外。在研究实施的可行性方面，夏季和秋季是植被生长最旺盛、鸟类和昆虫活动最频繁的季节，所以夏季和秋季为研究自然声（尤其是鸟叫声）对使用者心理健康的影响、自然声对交通声的声信息掩蔽效应、公园景观（尤其是乔木和灌木）对交通声的声能量掩蔽效应提供了研究的可行性。在研究过程所处时间段的天气情况方面，平均气温、风力等级、细颗粒物（$PM_{2.5}$）指数的范围分别为 12～24℃、3～4 级、35～75ug/m^3。

2. 实验员与被试者

笔者通过在微信平台发送招募信息的方式、以自愿的原则招募所需被试者参加心理漫步，其条件为年龄在 18～45 岁之间且视力和听力均正常的人群。在听力正常标准方面，首先在预调研的过程中收集城市公园中的典型声音数据，然后在被试者的筛选过程中对其施加预调研采集的声音刺激，请被试者识别所听到的声音，若被试者能够识别出全部声音，则该被试者将被邀请继续参加心理漫步。在视力正常标准方面，首先请实验员在典型声景驻留点上拍摄若干照片，然后请被试者判断照片中的景观颜色，若被试者能够识别出全部景观颜色，则该被试者将被邀请继续参加心理漫步。招募信息中体现了被试者在心理漫步结束后会有相应的奖励方式，如赠送礼物或给予酬金。最终共 50 名被试者参加了心理漫步，男女比例为 27：23。在心理漫步开始之前，所有被试者均签署了知情同意书，并告知他们实验过程中涉及的个人信息仅用于学术研究。同时，为了尽量降低被试者之间的心理健康状态差异，请被试者在心理漫步前一天保持良好的睡眠，并在漫步当天先学习或工作 2～4 小时。另外在漫步过程中，为了避免被试者在感知声环境时被打扰，要求被试者之间禁止交流、进食和行走。然后要求被试者以 4～5 人为一组，按预游览路线在所选公园中进行漫步。在心理漫步的实施过程中，先请每位被试者在每个声景驻留点感受当时的声环境 1～3min，同时请两位实验员对该声景驻留点进行声环境测量，然后再请被试者对问卷作答。为了减少视觉因素对实验结果产生的影响，在游览的过程中，请被试者均面向形态、颜色无明显差异的景观感知声环境并填写心理健康问卷。

3. 声环境的客观数据测量

在声环境测量方面，本书主要利用声学测量仪器采集声学和心理声学相关数据。首先，利用声压级计（型号：BSWA801）监测每个声景驻留点的声压级水平，包括等效 A 声级（L_{Aeq}）、背景 A 声级（L_{90}）、平均 A 声级（L_{50}）和前景 A 声级（L_{10}），同时记录每个声景驻留点的声频率数据。其次，使用便携式声音与振动测量系统（声波记录仪，型号：SQuadriga Ⅱ）测量心理声学指标。最后，使用声学分析软件（版本：Artemis 12.0）分析所获取的心理声学指标，包括响度、粗糙度、尖锐度和波动强度。

在声环境测量过程中，将声压级计设置为慢速模式，并且每一秒读取一次瞬时数据。便携式声音与振动测量系统的采样频率设置为 48K，每个声景驻留点至少记录 3min 的声压级数据。这两种声学测量仪器均设置为 A 计权和 1/3 倍频程，两者的麦克风距离其他主要反射面均为 1.0m 以上，并且均离地面 1.2m 以上。

4. 声感知与心理健康的问卷调查

问卷由人群社会特征、声源感知、声环境评价和心理健康 4 个部分组成。

第一，要求被试者填写其社会特征，包括性别、年龄和受教育程度。

第二，要求被试者识别并判断出他们所听到的声音类型，然后评估这些声音的强度，这些声音包括交通声、音乐声、自然声和活动声。然后利用 5 级李克特量表评估每种声音的强度级别：0- 完全没有，1- 一点，2- 适度，3- 很多，4- 完全占主导。将每个声音类型强度的值（0 ~ 4）除以每个声景驻留点上所有声音类型强度的总值（0 ~ 20），得出该种声音在整个声音环境中所占的比例。

第三，要求参与者使用 9 级双向李克特量表（范围是 -4 ~ 4，-4 为最弱，4 为最强）评估每个声景驻留点的声环境感知，包括声舒适度、主观响度和声多样性。

第四，请被试者评估其在每个声景驻留点上受到声音刺激后的心理健康。本书将心理健康划分为两个层面，即情绪层面和认知层面。其中，情绪层面的心理健康是基于减压理论提出的，而认知层面的心理健康是根据注意力恢复理论提出的。与心理恢复相比，本书中的心理健康程度体现的并非是特定声环境的恢复性能，而是被试者在心理方面对声环境的评价。本书从相关研究中挑选了信度和效度均较高的 8 个形容词，用来评价城市公园声景相关的心理健康程度，分别是愉悦、沮丧、放松、焦虑、（有）精力、疲惫、集中和分心。根据心理健康的两极性[36, 37]，本研究最终确定了评价被试者的心理健康程度 4 项指标，即情绪层面的愉悦—沮丧、放松—焦虑、认知层面的精力—疲惫[37]、集中—分心。其中，集中的心理健康表现为被试者的注意力集中在当前所处的声环境中，从而忘记日常生活中所烦恼的事务。分心则表现为被试者仍然担心日常生活中的事务，这表明城市公园中的声环境对他们的疗愈效果较小。为了量化这 4 个指标，并与声环境感知的量化方法保持一致，本书利用 9 级双向李克特量表将每项指标的值设置在 -4 ~ 4 的范围。为避免语言对问卷质量的影响，本研究请两名实验员将问卷中选定的术语从英语翻译为中文，并由精通这两种语言的专家进行了核验。核验结果显示，英汉翻译之间的匹配度很高[23]。（丁香公园感知调查问卷见附录 1）

5. 调查结果统计分析

首先，基于声景数据和心理健康数据的收集，本研究利用统计分析软件 IBM SPSS Statistics 20.0 分析了两个典型城市公园中声景样本和心理样本的正态性，以及声感知样本和心理样本的信度和效度。在样本的正态性方面，本研究通过非参数检验中的单样本柯尔莫哥洛夫 - 斯米尔诺夫检验（Kolmogorov-

Smirnov 检验，K-S 检验）分析了主观和客观样本的分布。结果显示大部分样本的显著性水平都大于 0.05。即这些样本均遵循正态分布[40]。其中，以音乐声为特征的 500Hz 频段的声压级样本、波动强度样本的显著性水平均小于 0.05，因此这些样本被排除在以下分析之外。然后，本研究对声感知样本和心理样本的信度和效度进行了检验。在以自然声为特征的城市公园中，其样本的克隆巴赫 α 系数（Cronbach's alpha 系数）和 Kaiser-Meyer-Olkin（KMO）值分别为 0.645 和 0.781，这表明问卷的信度和效度是可以接受的。在以音乐声为特征的城市公园中，其样本的 Cronbach's alpha 系数和 KMO 值分别为 0.805 和 0.778，这表明问卷的信度和效度是适合的。

其次，为了识别影响使用者心理健康的城市公园声环境和声感知因素，本书应用皮尔逊相关分析计算了声环境和声感知分别与心理健康之间的关系。然后应用参数检验中的双边 t 检验，置信区间设置为 95.0%，以检验这些关系的强度和方向的显著性差异。然后，为了确定城市公园声景掩蔽因素对使用者心理健康的影响强度，本研究应用进入式线性回归分析和逐步式线性回归分析，建立城市公园声景掩蔽因素的权重分析模型，包括声景观权重的总体模型、声环境权重的分层模型和声感知权重的分层模型。在模型建立之前，本研究分别对样本的线性、独立性、方差齐性进行了分析以排除不利因素。然后，对样本之间的共线性、回归系数的显著性、回归方程的显著性进行了检验。其中，在样本的线性分析方面，本研究通过曲线估计分析了自变量和因变量之间是否存在线性关系，并通过显著性水平 P 值和判定性系数 R^2 判断了两者间的线性关系是否成立。最后为了研究城市公园声景掩蔽因素和使用者心理健康之间的因果关系，本研究根据声景掩蔽因素的权重分析结果，建立了声环境因素和声感知因素分别与心理健康程度之间的线性回归方程。考虑到人群社会特征可能会影响被试者的心理健康程度，本研究通过建立一般线性模型，判断了性别、收入、年龄对心理健康程度的影响。结果显示，性别、收入能够显著影响被试者的心理健康程度（P 值范围在 0.000 ~ 0.016 之间），而年龄因素对心理健康程度的影响并不显著（P 值范围在 0.298 ~ 0.753 之间）。

2.2　声信息掩蔽效应的实验方案

本书中的声信息掩蔽是指在以交通声为特征的声环境中，利用令人感到愉悦舒适的积极声源，如音乐声或自然声等，让使用者在交通声方面的注意力降低以达到声掩蔽效果。声信息掩蔽测量是在城市公园中采集典型声音样本，包括交通声、音乐声、自然声、活动声，然后分别将不同声压级的自然声和音乐声与一定声压级的交通声和活动声进行组合作为声音刺激样本，最后在实验室中邀请若干被试者，通过对他们施加不同组合的声音刺激来收集其声感知数据和心理健康数据。声信息掩蔽实验方案主要包括两个方面，分别是声音样本的采集和编辑，以及声信息掩蔽效应实验过程。通过结果数据，本书将回答以下问题：

自然声或音乐声能否通过掩蔽交通声改善使用者的心理健康状态？

什么样的自然声或音乐声可以有效掩蔽交通声的声信息？

在考虑情境因素的条件下，自然声或音乐声是否可以有效掩蔽交通声的声信息？

2.2.1　声音样本的采集和编辑

1. 声音样本采集

声音样本采集和编辑的目的在于为声信息掩蔽效应实验提供声音刺激。为了保证实验中所用声音样本的可靠性，本书使用便携式声音与振动测量系统对哈尔滨典型城市公园的交通声、自然声、活动声分别进行了采集和录制，包括了哈尔滨市群里第一大道的交通声、儿童公园的活动声、森林植物园的鸟叫声和虫鸣声，以及安阳河园的流水流声。在采集和录制的过程中，为了保证声音样本的有效性，本书选择了若干采集地点并进行了多次录制。在便携式声音与振动测量系统的设置方面，音频文件以".hdf"格式获得，分辨率为 24 位，采样率为 48K，录音的持续时间为 5min，与心理漫步中的声环境测量时间一致[96]。在音乐声样本的采集方面，根据心理漫步的调查与实施结果，音乐公园中的音乐声均来自流行乐风格的歌曲，这些音乐声在第 3 章中被证明是有益于心理健康的积极声源。所以首先在音乐软件中下载了若干音乐风格为流行乐的曲目，并通过召集志愿者对其进行偏好评价的方式，选出了偏好权重最高的曲目作为实验过程中的输入声源。

2. 声音样本编辑

声音样本的编辑共分为 3 个部分，首先是对声音样本的选择和剪辑，其次是对每个声音样本赋予声压级权重，最后是对所选取的声音样本进行组合。在对声音样本进行编辑之前，本书确定了应用在实验中的最终声音样本，分别是以发动机工作声、轮胎摩擦声和车辆鸣笛声为特征的交通声，这 3 类交通声样本的波形和频率分布存在明显差异。其中，轮胎摩擦声样本的波形较平缓（图 2-3），中高频声压级较为突出（图 2-4）；而发动机工作声样本的波形波动较大，中高频和高频声压级最显著；车辆鸣笛声样本的波形波动最显著，频谱分布以高频声为主。在声信息掩蔽实验中，用以掩蔽交通声的声音样本分别是以流水流声、鸟叫声和蝉鸣声为特征的自然声，以人歌唱声、吉他声和萨克斯声为特征的音乐声（这 3 类音乐声样本均选自同一曲目），以及以人群交谈声为特征的活动声。

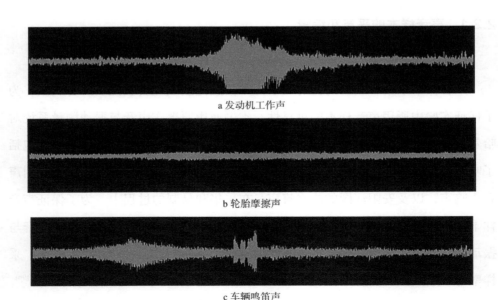

a 发动机工作声

b 轮胎摩擦声

c 车辆鸣笛声

图 2-3　交通声样本波形

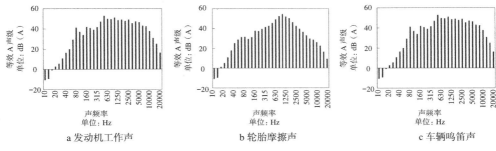

a 发动机工作声   b 轮胎摩擦声   c 车辆鸣笛声

图 2-4　交通声样本频谱分布

　　在对采集的样本进行编辑时，为了排除采集过程中其他声音的干扰，使用 Artemis 12.0 声学分析软件对采集的声音样本进行了滤波处理，过滤掉对实验有干扰的频段。在交通声样本的剪辑方面，首先使用 Artemis 12.0 声学分析软件将声音样本的格式改为".wav"，然后利用声学编辑软件（版本：Adobe Audition CC 11.0）根据波形和频谱对交通声样本分别截取 3 个持续时间均为 20s 的声音样本，最后对这 3 个声音样本分别设置不同的声压级权重（根据录制声音样本的声压级范围）。其中，对轮胎摩擦声样本设置了间隔为 5.0dB（A）的声压级计权，范围为 45.0～75.0dB（A），而仅对发动机工作声样本和车辆鸣笛声样本设置了 60.0dB（A）的声压级计权，用来对比同声压级的轮胎摩擦声刺激后的心理健康。这是因为与其他两个交通声样本相比，轮胎摩擦声在录制过程中出现的频次最高，所以其受众性最高。为了与交通声样本的持续时间保持一致，自然声样本、音乐声样本和活动声样本也分别被截取 20s，截取后的声音样本作为声信息掩蔽效应实验的输入声音。在自然声样本的编辑方面，首先采用 45.0～65.0dB（A）的流水流声样本和鸟叫声样本分别与 60.0dB（A）的轮胎摩擦声样本组合，用以研究声压级差异下的自然声对交通声的声信息掩蔽效应；然后用 60.0dB（A）的虫鸣声样本与 60.0dB（A）的轮胎摩擦声样本组合，用以对比不同类型的自然声对交通声的声信息掩蔽效应。在音乐声样本的编辑方面，首先采用 45.0～65.0dB（A）的人歌唱声样本和吉他声样本分别与 60.0dB（A）轮胎摩擦声样本组合，其目的是对比人声和乐器声对交通声的声信息掩蔽效应差异，并研究声压级差异下的音乐声对交通声的声信息掩蔽效应。然后用 60.0dB（A）萨克斯声样本与 60.0dB（A）轮胎摩擦声样本组合，用以对比不同类型的乐器声对交通声的声信息掩蔽效应。在与活动声的组合方面，首先采用 45.0 ~ 65.0dB（A）的鸟叫声和吉他声样本与 60.0dB（A）活动声样本和 60.0dB（A）的轮胎摩擦声样本进行组合，然后用 55.0dB（A）和 65.0dB（A）活动声样本分别与 60.0dB（A）鸟叫声和吉他声样本和 60.0dB（A）轮胎摩擦声样本进行组合，最后用 60.0dB（A）活动声样本和 60.0dB（A）轮胎摩擦声样本分别与 60.0dB（A）流水流声、虫鸣声、人歌唱声、萨克斯声样本进行组合。这些组合的目的在于判断不同情境因素是否能够影响声信息掩蔽效应。

2.2.2　声信息掩蔽效应实验过程

1. 实验过程

声信息掩蔽效应实验的招募过程与"2.1 心理漫步的调查与实施方案"的实验方案类似，以自愿的原则，通过微信平台发布信息招募被试者。其中，被试者招募要求为年龄在 18 ~ 45 岁且视力和听力均正常的人群。在实验结束后参与实验的被试者会得到相应的奖励。最终，共 50 名被试者（男女比例为 22 : 28）参加了该项实验。在实验开始之前，所有被试者均签署了知情同意书，并被告知实验过程中涉及的个人信息仅用于学术研究。为了保证被试者在实验开始前存在较小的心理健康差异，请被试者在实验前一天保持良好的睡眠，并在实验开始之前学习或工作若干小时。另外，在实验过程中，为了避免其他因素的干扰，要求每位被试者单独进行实验。

声信息掩蔽效应实验的过程如下，首先是对被试者关于实验操作过程和页面等进行详细介绍和解释；然后是对被试者施加声音刺激，并在每次声音刺激后回答问卷问题；最后是填写被试者的社会特征信息，包括性别和年龄等。为了还原室外环境的声环境，在实验室中需排除混响时间的影响，研究中对被试者进行声学刺激采用耳罩式刺激方式。本书使用声音模拟软件（版本：SQala 2.0）对被试者进行声音刺激和数据收集。该软件的优点在于，可以在软件中设置每组声音样本自动播放，并在播放完后自动出现问卷内容，提交问卷后会自动进入下一页面。实验内容共包含 4 个声音刺激实验，分别是不同声压级计权的交通声刺激实验，自然声和交通声刺激组合实验，音乐声和交通声刺激组合实验以及加入活动声的声刺激实验（图 2-5）。在每一个声音样本刺激后，请被试者对其声环境感知和心理健康进行评价。其中，声环境感知包括宁静度和声舒适度，这些指标均用 9 级双向李克特量表进行评价（取值范围在 –4 ~ 4 之间）。实验中心理健康的评价标准与心理漫步的评价标准相同。

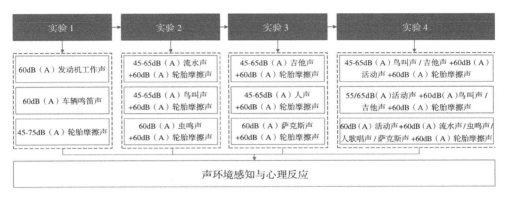

图 2-5　声信息掩蔽实验设计

2. 统计分析

基于声环境感知数据和心理健康数据的收集，本书利用 SPSS 软件首先检验了问卷的信度和效度，结果显示在 4 组实验中，问卷问题的信度均达到了理想水平，其 Cronbach's alpha 系数分别为 0.699、0.836、0.891、0.847；效度均达到了理想水平，其 KMO 系数分别是 0.843、0.838、0.866、0.829。然后，本书通过非参数检验中的单样本 K-S 检验分析了相关样本的正态性，检验这些样本是否具有统计学意义，结果显示被检验样本的显著性水平均大于 0.05，这些样本均服从正态分布[40]。为了研究交通声对使用者心理健康的影响，本书首先建立了反映交通声压级与使用者心理健康之间关系的数学模型；然后利用皮尔逊相关分析计算了交通声压级和使用者心理健康之间的相关程度，并应用参数检验中的 t 检验，验证了两者是否存在线性相关关系（置信区间设置为 95.0%）；最后应用线性回归分析建立了交通声压级和使用者心理健康的线性回归方程，用来解释交通声压级对使用者心理健康的影响程度。在线性回归方程建立之前，分别应用 t 检验和 F 检验（方差齐性检验），验证了回归系数的显著性和回归方程的显著性。为了比较实验数据的均值，通过方差分析验证了本实验中样本均值之间的差异是否具有显著性，并利用最小显著性差异法假定方差齐性。在人群社会特征对被试者心理健康的影响方面，通过建立一般线性模型，对性别、收入、年龄进行了哑变量回归分析。结果显示，性别和年龄均与心理健康程度存在显著的相关关系，而收入与心理健康程度不存在显著的相关关系（P 值范围在 0.000 ~ 0.006 之间），尤其是与认知层面的心理健康值（P 值范围在 0.000 ~ 0.503 之间）。

2.3 声能量掩蔽效应的实验方案

本书中的声能量掩蔽是指利用城市公园景观的声学特征反射或吸收交通声的声能量，从而使交通声的声能量在传播至使用者之前得到一定程度上的衰减。声能量掩蔽效应现场测量首先是在典型城市公园中选择可能具有一定声能量掩蔽效应的景观作为研究对象，通过现场测量这些景观的声能量掩蔽效应，识别影响景观声能量掩蔽效应的刚性景观参数和柔性景观参数，然后利用计算机模拟软件计算出刚性景观参数和柔性景观参数对景观声能量掩蔽效应的影响程度和范围，最后通过计算机模拟软件找到能够有效改善使用者心理健康的刚性景观参数和柔性景观参数。其中，刚性景观参数指在声学上以反射声能量为特征的景观参数，如台阶的高度、坡道的坡度、景观与交通干道的高差等；而柔性景观参数指在声学上以吸收声能量为特征的景观参数，如材质类型、树叶的疏密程度（在声学上体现在流阻率和孔隙率等参数上）等。根据实验结果，本书将回答以下 2 个问题：哪些刚性景观参数和柔性景观参数能够影响城市公园景观对交通声的声能量掩蔽效应？是否可以通过调节刚性景观参数和柔性景观参数有效掩蔽交通声的声能量，从而改善使用者的心理健康状态？

声能量掩蔽效应实验方案主要包括两方面内容，分别是声能量掩蔽效应现场测量和声能量掩蔽效应模拟实验。此外，在研究刚性景观参数的过程中，本书将被研究的景观称为刚性景观；同理，在研究柔性景观参数时，被研究的景观则被称为柔性景观，以避免在景观分类方面产生误区。

2.3.1 声能量掩蔽效应现场测量

1.调查地点的选择

为了研究城市公园景观对交通声声能量的掩蔽效应，本书对哈尔滨市5个城市公园进行了实地考察和调研，并从这些城市公园中选出了19个景观作为被测量对象，其中包括刚性景观为7个，柔性景观为12个。这些被测景观的特征包括以下几个方面：首先，为了尽量减少由于交通声声压级差异对测量结果产生的误差，被测景观的位置应该是紧靠交通主干道，同时交通主干道均为双向，且每向至少包括4条车道；其次，在被测景观10m半径范围内，除了交通声，保证尽量避免出现其他声源；最后，所选择的刚性景观和柔性景观应该具有典型的声学特征，如被测刚性景观应该具有一定程度的结构变化，以便本书能够识别在声反射方面影响景观声能量掩蔽效应的刚性景观参数，被测柔性景观应该具有不同程度的吸声性能，以便本书能够识别在声吸收方面影响景观声能量掩蔽的柔性景观参数。

在刚性景观中，考虑到结构构造的差异可能导致声反射方向发生变化，从而影响刚性景观对交通声的声能量掩蔽效应，本书按照不同构造形式，将刚性景观分为刚性坡面景观和刚性梯面景观。其中，交通声与刚性坡面景观接触的构造形式以坡面为主，如土丘（图2-6-a）。而交通声与刚性梯面景观的接触面呈阶梯状，如台阶（图2-6-b）。考虑到结构形式也可能对其声能量掩蔽效应产生影响，本书又将刚性坡面景观分为上升式刚性坡面景观和下降式刚性坡面景观，将刚性梯面景观分为上升式刚性梯面景观和下降式刚性梯面景观。考虑到柔性景观的吸声方式差异可能影响柔性景观对交通声的声能量掩蔽效应[97]，本书将柔性景观分为柔性水平景观和柔性垂直景观。其中，柔性水平景观的高度在 0 ~ 0.5m 之间，如草坪，其吸声主体为平行于主干道平面的柔性景观主体（图 2-6-c）。而柔性垂直景观的高度超过 0.5m，如灌木，其吸声主体为垂直于主干道平面的柔性景观主体（图 2-6-d）。在柔性垂直景观中，本书又按照植被有无明显主干的差异将柔性垂直景观分为柔性乔木景观和柔性灌木景观。其中柔性乔木景观有明显主干，且高度一般超过 3.0m（图 2-6-e），而柔性灌木景观无明显主干，高度在 0.5 ~ 3.0m 范围内（图 2-6-f）。

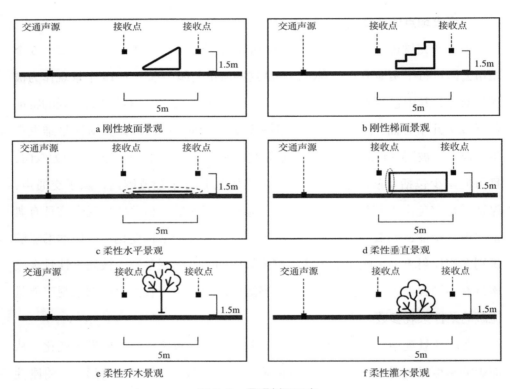

图 2-6　景观剖面示意

2. 声能量掩蔽现场测量

在对所选定的刚性景观和柔性景观进行声能量掩蔽效应的现场测量过程中，选用 SQuadriga Ⅱ 声波记录仪同时获取每个测量点的声学数据（包括声压级、声频谱、心理声学）。声波记录仪外接两个声压级计探头，每次测量以 5m 为一个单位，放置于景观的两侧（图 2-6），其中一个在景观外侧（接近于交通道路），而另一个在景观内侧。测量时保证两个探头同时工作，并连续测量 5min。测量结束后，使用 Artemis 12.0 声学分析软件对所获取的声学数据进行分析和统计。在声环境测量方面，设置慢速模式和 A 计权，频谱设置为 1/3 倍频程和 A 计权，采样频率设置为 48K。

在对刚性坡面景观进行声能量掩蔽效应现场测量前，本书首先选择了 2 个坡度存在明显差异的典型刚性坡面景观作为研究对象。其目的在于检验景观坡面的声反射作用是否能够影响其声能量掩蔽效应，同时也为了对比不同坡度的刚性坡面景观是否在声能量掩蔽效应方面存在明显差异。考虑到景观表面材质差异和距离交通声源距离的差异可能会对测量结果产生影响，本书选择了位于同一公园、表面材质无明显差异的两个刚性坡面景观，同时这两个景观距离交通主干道的距离均为 10m 左右。为了区分这两个刚性坡面景观，分别对其命名为刚性坡面景观 G_1 和刚性坡面景观 G_2。其中刚性坡面景观 G_1 的坡面较陡，表面以草叶和乔木为主，而刚性坡面景观 G_2 的坡面较平缓，其表面也以草叶和乔木为主。本书在刚性坡面景观 G_1 和 G_2 中各进行 6 个单位的测量，这些测量单位被分别标号为 G_1-1 ~ G_1-6、G_2-1 ~ G_2-6（图 2-7）。在每个单位的测量中共记录 5 次声压级数据，每次测量 5min，最终结果取平均值。其中标号 G_1-1 ~ G_1-3、G_2-1 ~ G_2-3 的测量单位位于景观的迎声面，用来测量上升式刚性坡面景观的声能量掩蔽效应，标号 G_1-4 ~ G_1-6、G_2-4 ~ G_2-6 的测量单位位于景观的背声面，用来测量下降式刚性坡面景观的声能量掩蔽效应。

在刚性梯面景观的声能量掩蔽效应的现场测量方面，首先选择了 3 个典型上升式刚性梯面景观（分别是上升式刚性梯面景观 G_3 ~ G_5，图 2-8-a ~ c）。分别在每个上升式刚性梯面景观中各设置了两个测量单位，其中，G_3-1、G_4-1、G_5-1 均靠近主干道，主要用来测量景观的上升部分，而 G_3-2、G_4-2、G_5-2 用来测量景观的水平部分。这种设置方式的目的在于区分高差对声能量掩蔽效应的影响和构造形式对声能量掩蔽效应的影响。测量单位 G_3-1 测量了高度为 1.125m、梯面数为 9 的上升式刚性梯面景观，测量单位 G_4-1 测量了高度为 0.6m、梯面数为 6 的上升式刚性梯面景观，测量单位 G_5-1 测量了高度为 1.0m、梯面数为 1 的上升式刚性梯面景观。然后，又选择了两个典型的下降式刚性梯面景观（下

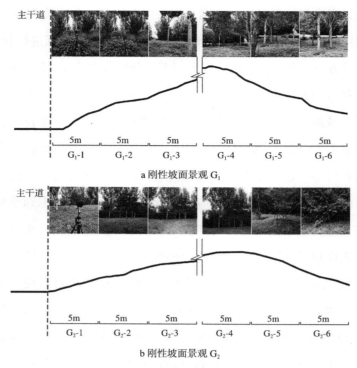

图 2-7　刚性坡面景观剖面示意

降式刚性梯面景观 G_6、G_7，图 2-8-d、e ）。其中，测量单位 G_6-1 和 G_6-2 均测量
了下降高度为 2.5m、梯面数为 5，但距离交通声的相对高度分别是 2.5m 和 5.0m
的下降式刚性梯面景观。测量单位 G_7-1 测量了下降高度为 1.2m、梯面数为 1
的下降式刚性梯面景观。G_6-3、G_7-2、G_7-3 分别测量了下降式刚性梯面景观 G_6
和 G_7 的水平部分。

　　在柔性景观的声能量掩蔽效应的现场测量方面，各选择了 6 个柔性水平景
观和 6 个柔性垂直景观作为测量对象。在柔性水平景观中，测量单位 R_1-1 和
R_2-1 主要测量了以混凝土为特征的柔性水平景观（图 2-9-a）；测量单位 R_1-2 和
R_2-2 测量了以草叶为特征的柔性水平景观；测量单位 R_1-3 和 R_2-3 测量了以花
朵为特征的柔性水平景观。在柔性垂直景观中，不仅考虑了柔性垂直景观有
无主干对声能量掩蔽效应的影响，而且考虑了柔性垂直景观的疏密程度对声
能量掩蔽效应的影响。其中，测量单位 R_3-1 和 R_4-1 测量了茂密柔性灌木景观
的声能量掩蔽效应；测量单位 R_3-2 和 R_4-2 测量了茂密柔性乔木景观的声能量

掩蔽效应；测量单位 R₃-3 和 R₄-3 测量了稀疏柔性乔木景观的声能量掩蔽效应（图 2-9-b）。

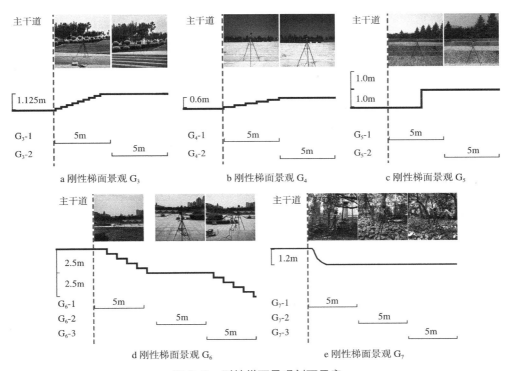

图 2-8　刚性梯面景观剖面示意

图 2-9　柔性景观

2.3.2 声能量掩蔽效应模拟实验

声能量掩蔽效应现场测量的结果可以证明刚性景观参数和柔性景观参数能够影响景观对交通声的声能量掩蔽效应，同时也能够初步估算出交通声声功率的近似值。但是，该测量的结果并不能建立景观参数与声能量掩蔽效应之间的关系。这是因为现场测量中极少存在理想的实验景观，现场测量中的景观不但缺乏足够的样本量，同时很难控制变量，通过其所识别出的景观参数仅能作为类别变量。所以，通过声能量掩蔽效应测量研究景观参数对声能量掩蔽效应的影响程度存在一定的难度。因此，本书利用声学模拟软件建立了景观参数与景观声能量掩蔽效应之间的关系。首先通过声能量掩蔽效应测量识别出了可能影响声能量掩蔽效应的景观参数；然后利用声学模拟软件对现场测量结果进行验证，从而得到了建立声能量掩蔽效应模型所需要的模型参数（如声源的声功率，与接收点的距离、高度，景观的材质类型、声速、密度、流阻率等）；最后通过调节模型中的景观参数使模型满足使用者达到良好心理健康状态的要求。

1. 模型基础参数的设置

多物理场仿真软件（版本：COMSOL 5.0）以其快速的运算速度和优秀的预算精度等优势被广泛用于压力声学、几何声学、热粘性声学、气动声学、超声波学等方面的研究。由于本书所研究的交通声波为纵波，且声波在流体和固体里传播，故应该同时考虑压力声学和声结构耦合。因此，本书应用 COMSOL 多物理场仿真软件计算了城市公园景观的声能量掩蔽效应。

在模型基础参数设置方面，主要对模型的边界条件、网格划分、材质、声源进行了设置。考虑到计算机的工作性能和模型的计算时间，将模型中的声场设置为二维的正方形（长 20.0m，宽 20.0m）。图 2-10 所示为交通干道与城市公园景观的声场剖面图。其中，声场上半部分为流体（空气），下半部分为固体（土壤），中间左侧为交通干道，右侧为城市公园景观。模型中设置了两个接收点，分别位于距离交通干道 1.0m 处和 6.0m 处，高度均为 1.5m，城市公园景观被设置在两个接收点之间，其距离两个接收点均 0.5m。前后两个接收点处的声压级差值代表该城市公园景观对交通声的声能量掩蔽效应，这一点与声能量掩蔽效应现场测量一致。为了避免声场边界的声反射，在声场边界上设置了完美匹配层，主要用于吸收声场内溢出的声能量。应用有限元的计算方式求解声场分布，因此网格尺寸选择了波长的 1/6[98]。在声源方面，本书的研究对象为交通声，其声源类型为线声源，而在本模型中交通声源被设置为点声源，但该点声源具有线声源的特征。这是因为二维 COMSOL 软件模型中的点声源相当于垂直于声场的无限延伸声源。在模型的声场选择方面，充分考虑了空气、土壤、混凝土、植被等材质的声学性能，选择了压力声学和多孔介质声学模块。其中，根据以往的研究数据，水泥或混凝土材质的吸声系数为 0[99]，其声学性能以反射为主，故选择压力声学模块能够满足对混凝土类材质的模拟。但植被或土壤等材质的吸声系数超过了 0.5[100]。因此，本书又考虑了多孔介质声学模块用以建立以植被或土壤为特征的声能量掩蔽模型。

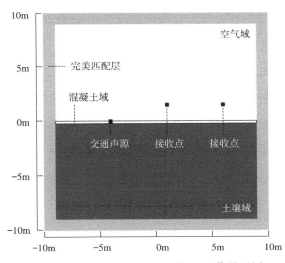

图 2-10　以混凝土为特征的声能量掩蔽模型剖面

2. 模型声学参数的设置

在材质参数的设置方面，模型建立过程所需的声学参数主要有密度、声速、流阻率、孔隙率、声源参数。部分材质的参数是根据相关研究所得，其他参数则是通过模型验证所得。首先设置了城市公园外交通干道地面和城市公园内景观地面的材质参数。为了避免误差和模型中的容错率，将交通干道地面和城市公园地面均设置为混凝土材质。根据《公路水泥混凝土路面设计规范》（JTG D40—2011），混凝土材质地面的厚度均被设置为 0.2m[101]。混凝土的密度和声速在模型中分别被设置为 2300kg/m³ 和 3475.2m/s[102]。为了避免由于材质差异导致的声环境失真，在交通干道地面下和城市公园地面下均设置了一层厚度为 8.8m 的土壤层，其声速和密度分别被设置为 1260kg/m³ 和 245m/s[103]，孔隙率为 0.39[56]。

在建立以草坪、乔木、灌木为特征的声能量掩蔽效应模型方面，本书将这些材质所处声场设置成了多孔声场。这是因为草坪、乔木、灌木的叶片为柔性基质框架，当声波作用其上时，叶片会随着声波的传播而振动，由振动产生的能量导致了声能量的衰减。其中，叶片的密度为 1050kg/m³，声速为 800m/s，孔隙率为 0.4，流阻率为 36313Pa·s/m²。以往的研究表明树木的主干对于声能量掩蔽效应并不明显[65]，所以假设景观主干的掩蔽效应远小于景观整体叶片的掩蔽效应。在柔性乔木景观和柔性灌木景观的声能量掩蔽模型中仅设置叶片的景观参数，然后通过模拟结果验证提出的假设。

3. 模型验证

根据声能量掩蔽效应现场测量结果，分别建立了以混凝土地面为特征、以草地为特征、以乔木为特征、以灌木为特征的声能量掩蔽基础模型。上述基础模型的建立是为了验证并保证模型中的景观参数与现场测量中的景观参数一致，并最终确定声能量掩蔽模型建立过程中所需要的交通声源参数和景观材质参数。

由于本实验主要研究城市公园景观对交通声的声能量掩蔽效应，所以在模型中对于交通声源的设置显得尤为重要。交通声源的设置主要包括声源高度、声源数量、声源的声功率、声源距景观的距离。本实验以混凝土材质为特征的城市公园景观地面为例，对不同声源参数下景观的声能量掩蔽效应进行了计算。表 2-1 所示为交通声源高度差异下，各频段声压级的模拟值与实际值之间的差异。结果显示在垂直方向上，当交通声源距离地面 0～0.8m 范围时，低频声中声压级的模拟值与实际值无明显差异，而在中高频声和高频声中，声压级的模拟值与实际值存在明显差异。尤其当交通声源距离地面0.6m时，1000Hz频段下的差值达到了18.6dB。而当交通声源距离地面0m时，声压级的模拟值与实际值的差异最小。因此，当交通声源距离地面0m时，其景观的声能量掩蔽效应最接近真实效应。

交通声源高度差异下各频率声压级模拟值与实际值的差值（单位：dB）　表2-1

声频率 （单位：Hz）	交通声源距离交通干道高度（单位：m）				
	0	0.2	0.4	0.6	0.8
63	0.4	0.4	0.3	0.3	0.1
125	0.7	0.6	0.3	0.2	1.1
250	0.4	1.2	3.2	5.6	8.6
500	1.4	4.8	15.1	7.1	15.4
1000	1.7	11.4	15.2	18.6	7.9
2000	1.2	8.6	4.4	11.6	22.4

表2-2所示为在垂直方向上，当交通声源距离交通干道0m时，交通声源数量差异下各频段声压级的模拟值与实际值之间的差值。结果显示，当交通声源数量为1个时，各频段声压级的模拟值与实际值的差异最小，平均差值为1.0dB。其原因是机动车的位置会随时域的变化而改变，交通干道上同时出现多辆机动车的概率较低。所以，模型中的交通声源近似于一段时间内所有交通声源的等效位置。因此，当交通声源数量为1且距离交通干道0m时，声压级的模拟值与实际值最为接近。

考虑到交通声源和公园景观之间的距离可能对实验结果产生影响，本书又对比了距离差异下模拟值与实际值的差值。基于城市公园红线为2m的考虑，本实验将交通声源距离城市公园景观的位置每隔1m分别设置了2~6m的距离来测试（表2-3）。每组实验中，声源个数为1且高度均为0m。结果显示当交通声源集中在距离城市公园景观4m位置时，声压级模拟值的平均误差最低，为1.0dB。因此，该条件下的声能量掩蔽模型的声压级模拟值与实际值最为接近。

交通声源数量差异下各频率声压级模拟值与实际值的差值（单位：dB）　表 2-2

声频率 （单位：Hz）	交通声源数量（单位：个）				
	1	2	3	4	5
63	0.4	0.2	0.0	0.2	2.3
125	0.7	2.8	2.8	3.6	6.5
250	0.4	2.6	1.9	12.5	9.8
500	1.4	1.3	7.2	1.8	8.8
1000	1.7	4.0	6.6	10.3	18.7
2000	1.2	16.7	1.4	11.8	2.2

交通声源距离差异下各频率声压级模拟值与实际值的差值（单位：dB）　表 2-3

声频率 （单位：Hz）	交通声源与公园景观的距离（单位：m）				
	2	3	4	5	6
63	2.1	0.6	0.4	0.2	0.5
125	0.8	0.7	0.7	0.5	3.5
250	3.2	1.8	0.4	3.4	2.4
500	0.8	1.1	1.4	2.1	4.2
1000	0.0	0.9	1.7	2.2	2.5
2000	2.3	1.7	1.2	0.6	0.3

在材质声学参数的设定方面，首先建立了以混凝土为特征的城市公园景观声能量掩蔽模型，如图 2-10 所示。结果显示，声压级的模拟值与实际值的差值在 0.4 ~ 1.7dB 范围内，平均差值高达 1.0dB（表 2-4）。为了减少误差，本实验在城市公园混凝土地面上铺设一层多孔材料，材质依然是混凝土，流阻率和孔隙率被分别设置为 100000Pa·s/m² 和 0.63。结果显示，改造后的声压级模拟值和实际值的差值明显降低了，其平均差值仅为 0.3dB。这是因为城市公园现场测量中的混凝土地面并不是光滑的，而是经过长年累积磨损形成了大小不一的孔，以及混凝土自然开裂形成的缝隙。当交通声声波作用在其上时，这些孔和缝隙会通过振动衰减传播来的声能量，所以现场测量中的混凝土地面具有一定的吸声作用。

各频率中模型改造前和改造后与实测值的声压级差值（单位：dB）　表 2-4

不同阶段	声频率（单位：Hz）					
	63	125	250	500	1000	2000
改造前	0.4	0.7	0.4	1.4	1.7	1.2
改造后	0.5	0.7	0.2	0.0	0.0	0.0

在以草坪为特征的声能量掩蔽模型中，发现草地的密度和声速对于实验结果的影响较小，而流阻率和孔隙率更为重要。当草地的流阻率和孔隙率分别为 30000Pa・s/m^2 和 0.35 时，声压级的模拟值和实际值的平均差值最低，仅为 0.3dB。在以乔木和灌木为特征的声能量掩蔽模型中，本实验未对景观的主干进行材质赋予和声学参数设置，仅建立了景观整体叶片的声能量掩蔽模型（图 2-11）。结果显示，这两个掩蔽模型的声压级模拟值与实际值的差值均较低，分别为 0.3dB 和 0.4dB。这一点验证了本实验的假设，即柔性乔木景观和柔性灌木景观的主干并不会对声能量掩蔽效应产生明显影响。

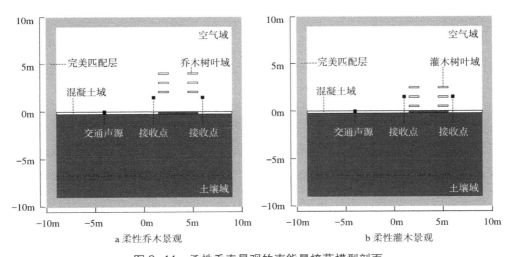

图 2-11　柔性垂直景观的声能量掩蔽模型剖面

在声能量掩蔽模型建立的过程中，本书还发现柔性乔木景观和柔性灌木景观的叶片主体主要集中在景观外侧，内侧以分枝为主。结果显示，在未对这两种景观的内侧分枝设置声学参数的情况下，掩蔽模型的模拟值与实际值的差值较小。因此，柔性垂直景观的主干和分枝对声能量掩蔽效应的影响均不明显。乔木和灌木景观下土壤的流阻率和孔隙率也对实验结果存在较大的影响。在模拟验证的过程中，本书发现孔隙率越高，土壤的吸声能力越强。模拟结果显示，乔木景观下土壤的孔隙率是灌木景观下土壤的孔隙率的 3.5 倍，而其流阻率则是灌木景观下土壤流阻率的 1/20。这是因为乔木景观的主体部分距离地面土壤相对较远，并不能够明显影响其下方草坪的生长，而草叶的存在导致了乔木景观下土壤可以被视为较软的多孔材质，所以其孔隙率相对较大。而灌木景观几乎无明显主干，且其主体部分距离地面土壤相对较近，由于灌木景观的遮挡，导致草叶无法从阳光中摄取充足的养分，故草坪无法将土壤变得较软，而灌木景观的根系又将土壤变得更硬，从而导致土壤的孔隙率更低，流阻率更高。

2.4　本章小结

　　本章主要通过心理漫步的调查与实施、声信息掩蔽效应实验、声能量掩蔽效应实验对城市疗愈公园声景掩蔽阈值、声信息掩蔽效应、声能量掩蔽效应展开了调查和实施。

　　心理漫步的调查与实施中，本书在哈尔滨市的两个典型城市公园中，邀请了 50 名被试者参与心理漫步实验，并对 60 个声景驻留点进行了声环境测量、声感知调查、心理健康调查。最终识别了城市公园中影响使用者心理健康的声景掩蔽因素，计算了各声景掩蔽因素的权重，得出了城市疗愈公园声景掩蔽阈值。

　　声信息掩蔽效应实验中，基于城市疗愈公园声景掩蔽阈值研究，本书确定了自然声和音乐声对交通声的掩蔽潜力。在声信息掩蔽效应实验中采集并编辑了典型交通声、自然声、音乐声、活动声样本，对 50 名被试者施加了不同组合的声音刺激后，收集了其声感知数据和心理健康数据。最终比较了自然声和音乐声对交通声的声信息掩蔽效应。

声能量掩蔽效应实验中，基于城市公园声景掩蔽阈值研究和声信息掩蔽效应研究，本书测量了 19 个典型城市公园景观的声能量掩蔽效应，识别出了影响声能量掩蔽效应的刚性景观参数和柔性景观参数。应用声学模拟软件建立了这些景观参数与声能量掩蔽效应之间的关系，通过调节景观参数，对基于心理健康的城市公园声环境进行了设计和优化。

第 3 章

城市疗愈公园声掩蔽效应的现场分析

本章主要探索城市疗愈公园声景掩蔽因素，包括声景掩蔽因素的识别分析，声景掩蔽因素的权重分析和声景掩蔽因素的阈值分析。本章对于城市公园声景掩蔽因素的研究为第 4 章的声信息掩蔽效应研究和第 5 章声能量掩蔽效应研究提供了数据支撑和研究方向。

·在识别影响心理健康的声景掩蔽因素过程中，本章分别分析了自然声环境中和音乐声环境中的声景因素，并进行了声环境差异下的因素分析。

·在对声景掩蔽因素进行权重分析的过程中，分别建立了声景观权重的总体模型、声感知权重的分层模型、声环境权重的分层模型。

·在城市疗愈公园声景掩蔽阈值研究方面，本章分别给出了良好心理健康下的声感知阈值和声环境阈值。

3.1 声景掩蔽因素的识别分析

本节分别在以自然声和以音乐声为特征的两个典型城市公园中识别了影响心理健康的声景掩蔽因素，这些因素分别是声感知因素和声环境因素。心理健康指标由前文分为情绪层面的愉悦—沮丧和放松—焦虑，以及认知层面的精力—疲惫和集中—分心。其中，声感知因素包括声源感知因素和声环境感知因素，声环境因素包括声压级因素、声频率因素、心理声学因素。本节对于城市疗愈公园声景掩蔽因素的识别分析为城市疗愈公园声景掩蔽因素的权重分析提供了输入因子。

3.1.1 自然声环境中的声景因素

1. 声源感知因素

在以自然声为特征的城市公园（以下简称"自然声环境"）之中，交通声比例与心理健康存在显著的负相关关系，而自然声比例和活动声比例与心理健康存在显著的正相关关系（表 3-1，表中"*"表示显著性水平 α 的区间是 $0.01 < \alpha \leqslant 0.05$，"**"表示显著性水平 $\alpha \leqslant 0.01$，后同），其相关系数值均在 0.377 以上，且显著性水平 $\alpha \leqslant 0.05$（置信区间为 95%）。首先，交通声比例与心理健康的关系最显著，尤其是与认知层面的心理健康之间的关系，其相关系数值最高可达 0.893，而且与情绪层面的心理健康之间的相关系数值也达到了 0.831。其次，自然声比例与认知层面的心理健康之间的平均相关系数值达到了 0.551，但其与情绪层面的心理健康之间的关系最弱，其平均相关系数值仅为 0.393。最后，在活动声比例与心理健康的关系中，活动声比例与认知层面的心理健康之间的相关系数值最低，其平均值仅为 0.465，而其与情绪层面的心理健康之间的相关系数值较高，达到了 0.558。

自然声环境中声源感知比例与心理健康之间的关系　　　表 3-1

声源感知比例	心理健康			
	愉悦—沮丧	放松—焦虑	精力—疲惫	集中—分心
交通声比例	−0.830**	−0.831**	−0.893**	−0.886**
	0.000	0.000	0.000	0.000
自然声比例	0.377*	0.409*	0.508**	0.594**
	0.040	0.025	0.004	0.001
活动声比例	0.574**	0.542**	0.507**	0.422*
	0.001	0.002	0.004	0.020

2. 声环境感知因素

在影响心理健康的声环境感知因素方面，声环境感知因素与心理健康之间的关系如表 3-2 所示。其中，宁静度和声舒适度与心理健康之间均存在显著的正相关关系，其相关系数值均在 0.481 以上，且显著性水平 $\alpha \leqslant 0.01$；而声多样性与心理健康之间并不存在显著相关关系，显著性水平 $\alpha > 0.05$。声舒适度与情绪层面的心理健康之间的关系最显著，其平均相关系数值高达 0.870，声舒适度与认知层面的心理健康之间的关系也较强，其平均相关系数值达到了 0.803。而宁静度与心理健康之间的关系相对较弱，其中，宁静度与情绪层面的心理健康之间的相关系数值为 0.675，而其与认知层面的心理健康之间的相关系数值仅为 0.542。

自然声环境中声环境感知与心理健康之间的关系　　　表 3-2

声环境感知	心理健康			
	愉悦—沮丧	放松—焦虑	精力—疲惫	集中—分心
宁静度	0.660**	0.689**	0.481**	0.602**
	0.000	0.000	0.007	0.000
声舒适度	0.851**	0.889**	0.790**	0.816**
	0.000	0.000	0.000	0.000
声多样性	0.122	0.019	0.317	0.209
	0.522	0.922	0.088	0.268

3. 声压级因素

在影响心理健康的声压级因素方面，声压级因素与心理健康之间的关系如表 3-3 所示。结果显示，声压级与心理健康之间存在显著的负相关关系，其相关系数值均在 0.492 以上，且显著性水平 $\alpha \leqslant 0.01$。其中，L_{90} 与心理健康之间的关系最为显著，其与认知层面的心理健康值之间的平均相关系数值最高达到了 0.764，与情绪层面的心理健康之间的平均相关系数达到了 0.667。L_{Aeq} 与认知层面的心理健康之间的平均相关系数值为 0.707，与情绪层面的心理健康之间的平均相关系数值为 0.633。L_{Aeq} 与心理健康之间的关系和 L_{50} 与心理健康之间的平均相关系数值的差异并不明显，平均差值仅为 0.007。相比之下，L_{10} 与心理健康之间的关系最弱，其平均相关系数值最低仅为 0.492。

自然声环境中声压级与心理健康之间的关系　　　　表 3-3

声压级	心理健康			
	愉悦—沮丧	放松—焦虑	精力—疲惫	集中—分心
L_{Aeq}	−0.605**	−0.661**	−0.636**	−0.777**
	0.000	0.000	0.000	0.000
L_{10}	−0.526**	−0.558**	−0.492**	−0.659**
	0.003	0.001	0.006	0.000
L_{50}	−0.603**	−0.664**	−0.624**	−0.759**
	0.000	0.000	0.000	0.000
L_{90}	−0.630**	−0.703**	−0.707**	−0.821**
	0.000	0.000	0.000	0.000

4. 声频率因素

在影响心理健康的声频率因素方面，声频率因素与心理健康之间的关系如表 3-4 所示。结果显示，所有频带的声压级与心理健康之间存在负相关关系，而这种相关关系仅在 1000Hz 频段的声压级中显著，其相关系数值均在 0.423 以上（显著性水平 $\alpha \leqslant 0.05$）。其中，1000Hz 频段的声压级与认知层面的心理健康之间的平均相关系数值最高为 0.508，而其与情绪层面的心理健康之间的平均相关系数值相对较低，为 0.480。

自然声环境中声频率与心理健康之间的关系 表3-4

声频率	心理健康			
	愉悦—沮丧	放松—焦虑	精力—疲惫	集中—分心
63Hz	−0.123	−0.279	−0.179	−0.234
	0.517	0.136	0.343	0.214
125Hz	−0.087	−0.240	−0.192	−0.220
	0.649	0.201	0.310	0.243
250Hz	−0.061	−0.221	−0.115	−0.184
	0.750	0.240	0.545	0.331
500Hz	−0.150	−0.280	−0.172	−0.284
	0.428	0.135	0.364	0.128
1000Hz	−0.423*	−0.536**	−0.433*	−0.582**
	0.020	0.002	0.017	0.001
2000Hz	−0.161	−0.175	−0.127	−0.231
	0.394	0.356	0.503	0.220

5. 心理声学因素

心理声学因素与心理健康之间的关系如表3-5所示。结果显示，响度和粗糙度与心理健康之间存在显著的负相关关系（除与愉悦—沮丧之间的关系外，显著性水平 $\alpha \leqslant 0.05$)，而尖锐度和波动强度与心理健康之间的关系并不显著（显著性水平 $\alpha > 0.05$)。其中，粗糙度与认知层面的心理健康之间的相关系数值最高，达到了0.528，其与情绪层面的心理健康之间的相关系数值相对较低，为0.455。而响度与认知层面和情绪层面的心理健康之间的相关系数值并没有显著性差异，其差值仅为0.012。本书中心理声学因素对使用者心理健康的影响与以往的相关研究结果存在明显差异。例如，在一项环境声的恢复性研究中 [48]，结果表明波动强度和尖锐度均与使用者在认知层面的心理健康存在明显的正相关关系，而在本书中，波动强度和尖锐度与使用者的心理健康之间的关系均不显著。该研究中，响度和粗糙度均与使用者在认知层面的心理健康存在显著的负相关关系，这一结果却与本书的结果保持一致。在比较两项研究的样本差异后，发现导致两项研究结果存在明显差异的原因是被试者年龄不同。

自然声环境中心理声学与心理健康之间的关系 　　表 3-5

心理声学指标	心理健康			
	愉悦—沮丧	放松—焦虑	精力—疲惫	集中—分心
响度	−0.335	−0.449*	−0.403*	−0.519**
	−0.071	0.013	0.027	0.003
粗糙度	−0.396*	−0.514**	−0.467**	−0.589**
	0.030	0.004	0.009	0.001
尖锐度	−0.045	0.065	−0.157	−0.160
	0.814	0.731	0.407	0.397
波动强度	0.085	−0.040	0.180	0.092
	0.656	0.832	0.341	0.627

3.1.2　音乐声环境中的声景因素

1. 声源感知因素

在以音乐声为特征的城市公园（以下简称"音乐声环境"）之中，交通声比例与心理健康存在显著的负相关关系（表 3-6），音乐声比例与心理健康存在显著的正相关关系（显著性水平 $\alpha \leqslant 0.05$），而活动声比例与心理健康之间的关系并不显著（显著性水平 $\alpha > 0.05$）。其中，交通声比例与情绪层面的心理健康之间的相关系数值最高，高达 0.698，其与认知层面的心理健康之间的相关系数值为 0.492。而音乐声比例与认知层面的心理健康之间的相关系数值最低，仅为 0.422，其与情绪层面的心理健康之间的相关系数值相对较高，为 0.608。因此，综合两个典型城市公园中的结果可以判断，交通声是影响城市公园中使用者心理健康的消极声源，自然声和音乐声则是能够改善城市公园使用者心理健康状态的积极声源，而活动声对于心理健康的积极作用仅在自然声环境中显著。

音乐声环境中声源感知比例与心理健康之间的关系　　表 3-6

声源感知比例	心理健康			
	愉悦—沮丧	放松—焦虑	精力—疲惫	集中—分心
交通声比例	-0.714**	-0.682**	-0.437*	-0.547**
	0.000	0.000	0.016	0.002
音乐声比例	0.608**	0.609**	0.375*	0.469**
	0.000	0.000	0.041	0.000
活动声比例	-0.234	-0.308	-0.326	-0.257
	0.212	0.098	0.079	0.171

2. 声环境感知因素

在影响心理健康的声环境感知因素方面，声环境感知因素与心理健康之间的关系如表 3-7 所示。结果显示，声舒适度和声多样性均与心理健康存在显著的正相关关系（显著性水平 $\alpha \leqslant 0.05$），而宁静度与心理健康之间的关系并不显著（显著性水平 $\alpha > 0.05$）。其中，声舒适度与情绪层面的心理健康之间的关系最显著，其平均相关系数值达到了 0.871，其与认知层面的心理健康之间的相关系数值相对较低为 0.704。声多样性与认知层面的心理健康之间的相关系数值相对较低，仅为 0.422，其与情绪层面的心理健康之间的相关系数值相对较高，达到了 0.520。

音乐声环境中声环境感知与心理健康之间的关系　　表 3-7

声环境感知	心理健康			
	愉悦—沮丧	放松—焦虑	精力—疲惫	集中—分心
宁静度	0.030	0.027	0.073	0.165
	0.876	0.889	0.703	0.384
声舒适度	0.873**	0.868**	0.665**	0.742**
	0.000	0.000	0.000	0.000
声多样性	0.548**	0.492**	0.416*	0.427*
	0.002	0.006	0.022	0.019

3. 声压级因素

在影响心理健康的声压级因素方面，声压级因素与心理健康之间的关系如表 3-8 所示。结果显示，L_{Aeq}、L_{10}、L_{50}、L_{90} 与心理健康之间均不存在显著的相关关系（显著性水平 $\alpha > 0.05$）。而自然声环境中的结果却与之相反。这可能是因为在音乐声环境中，积极声比例和消极声比例的差异较小，所以声压级的升高或降低很难影响城市公园中使用者的心理健康。

音乐声环境中声压级与心理健康之间的关系 表 3-8

声压级	心理健康			
	愉悦—沮丧	放松—焦虑	精力—疲惫	集中—分心
L_{Aeq}	0.011	−0.039	0.090	−0.073
	0.952	0.836	0.636	0.702
L_{10}	0.072	0.021	0.126	−0.045
	0.706	0.910	0.508	0.812
L_{50}	0.025	−0.017	0.123	−0.045
	0.894	0.931	0.516	0.812
L_{90}	−0.041	−0.097	0.020	−0.109
	0.829	0.609	0.917	0.566

4. 声频率因素

在影响心理健康的声频率因素方面，声频率因素与心理健康之间的关系如表 3-9 所示。其中，500Hz 频段的声压级与心理健康之间的关系无法建立。这是因为虽然 500Hz 频段的声压级样本为连续的随机变量，但是其并不服从正态分布。结果显示，250Hz 频段的声压级与心理健康值存在显著的正相关关系，且显著性水平 $\alpha \leq 0.05$。63Hz 频段的声压级和 125Hz 频段的声压级均与认知层面的心理健康（精力—疲惫）之间存在显著的正相关关系，其相关系数值分别是 0.361 和 0.397。2000Hz 频段的声压级与情绪层面的心理健康（愉悦—沮丧）之间存在显著的正相关关系，其相关系数值达到了 0.409。

音乐声环境中声频率与心理健康之间的关系　　　表 3-9

声频率	心理健康			
	愉悦—沮丧	放松—焦虑	精力—疲惫	集中—分心
63Hz	0.276	0.187	0.361*	0.242
	0.139	0.322	0.050	0.197
125Hz	0.358	0.315	0.397*	0.331
	0.052	0.090	0.030	0.074
250Hz	0.424*	0.423*	0.421*	0.414*
	0.019	0.020	0.021	0.023
1000Hz	0.231	0.188	0.253	0.189
	0.220	0.319	0.177	0.318
2000Hz	0.409*	0.351	0.331	0.284
	0.025	0.057	0.074	0.128

5. 心理声学因素

在影响心理健康的心理声学因素方面，心理声学因素与心理健康之间的关系如表 3-10 所示。由于 K-S 检验的结果显示音乐声环境中的波动强度样本不服从正态分布，所以未呈现波动强度与心理健康之间的关系。结果显示，心理声学因素与心理健康不存在显著的相关关系（显著性水平 $\alpha > 0.05$）。

音乐声环境中心理声学与心理健康之间的关系　　　表 3-10

心理声学指标	心理健康			
	愉悦—沮丧	放松—焦虑	精力—疲惫	集中—分心
响度	0.214	0.145	0.252	0.147
	0.255	0.445	0.179	0.437
尖锐度	−0.148	−0.207	−0.020	−0.200
	0.436	0.272	0.915	0.289
粗糙度	−0.009	−0.076	0.096	−0.080
	0.961	0.691	0.615	0.673

综上所述，声源感知因素、声环境感知因素、声压级因素、声频率因素、心理声学因素在以自然声为特征和以音乐声为特征的声环境中的显著性存在明显差异。其中一个原因是这两个声环境的情境因素存在差异。在自然声环境中，活动声比例的平均值为33%，比音乐声环境的活动声比例平均值高19%。如果在视活动声为背景声的情况下，自然声环境较为"吵闹"，而音乐声环境较为"宁静"。还有一个原因是在音乐声环境中，消极声（交通声）比例的平均值和积极声（音乐声）比例的平均值的差值较小，仅为7%，这表明被试者所感知的两者强度无较为明显差异。这一点导致被试者对声环境的判断产生了障碍。所以，当该声环境的总体声压级或总体响度升高或降低时，被试者的心理健康并未出现明显的趋势变化。因此，在音乐声环境中，总体声环境因素，如宁静度、声压级、心理声学与被试者的心理健康显著不相关，而评价单一声源的指标，如交通声比例、音乐声比例能够显著影响被试者的心理健康值。为了验证上述原因，本书将在第4章通过调控单一声源的声压级，分析情境因素和声源组合对心理健康的影响。

3.1.3　声环境差异下的因素分析

在自然声环境和音乐声环境中，95%的景观驻留点在认知层面的心理健康值均低于情绪层面的心理健康值（图3-1）。所以，被试者在认知层面的承受能力（认知层面容忍度）低于在情绪层面的承受能力（情绪层面容忍度）。为了证明这一结论，本书对情绪层面和认知层面的心理健康值的差异进行了显著性分析。方差分析的结果显示，自然声环境中的两者间差异（$P=0.010$）和音乐声环境中的两者间差异（$P=0.001$）均显著。因此，认知层面容忍度低于情绪层面容忍度的结论成立。

为了验证自然声环境和音乐声环境的差异是否显著，本书对两者的心理健康值进行了方差分析。结果显示，就情绪层面的心理健康值而言，自然声环境中的心理健康值与音乐声环境中的心理健康值不存在显著差异（$P=0.425$）；而就认知层面的心理健康值而言，两者间的差异也不显著（$P=0.924$）。因此，这两个声环境在心理健康方面无显著性差异。

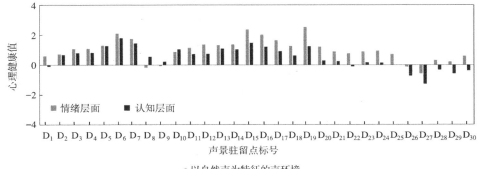

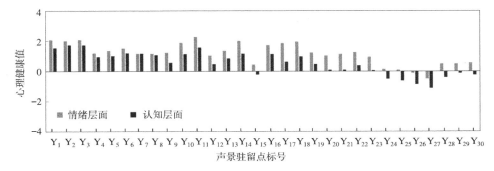

图 3-1　各声景驻留点的心理健康值

在自然声环境中，就情绪层面的心理健康值而言，声景驻留点 D_6、D_{15}、D_{16} 和 D_{19} 的心理健康值较高，其值分别为 2.10、2.38、2.03 和 2.52。其中，D_{19} 的心理健康值最高，该处积极声与消极声的比例（3.9∶1）均高于 D_{15} 和 D_{16} 处的比例（分别为 3.7∶1 和 3.0∶1），这一结果证明了积极声比例与心理健康的正相关性。但是 D_{19} 的比例低于 D_6 的比例（5.9∶1），其原因可能是 D_6 的声压级高于 D_{19} 的声压级，两者间的声压级差异为 1.5dB（A），这一原因证明了声压级与心理健康的负相关性。就认知层面的心理健康值而言，在 D_6、D_{15}、D_{16} 和 D_{19} 中，尽管 D_6 声压级最高，但其心理健康值也最高，达到了 1.80。这一结论表明，在认知层面，积极声比例的作用效果高于声压级的效果，积极声对交通声的声信息掩蔽效应较明显。在 $D_{26} \sim D_{29}$ 中，心理健康值均较低。其中，D_{27} 的情绪层面和认知层面的心理健康值均最低，其值分别是 -0.58 和 -1.28。其原因是该处的交通声比例高达 89.0%，声压级高达 61.6dB（A）。与其他声景驻留点相比，该处的景观最稀疏，对交通声的掩蔽效应最差，从而导致交通声声能量在该处的衰减程度最低。

在音乐声环境中，就情绪层面的心理健康值而言，声景驻留点 Y_1、Y_2、Y_3 和 Y_{11} 的心理健康值较高，其值分别为 2.07、2.00、2.07 和 2.25。其中，Y_{11} 的心理健康值最高，同时，该处的积极声与消极声的比例也是最高的，其比例为 1.7∶1。这一结果也证明了积极声比例与心理健康的正相关性。就认知层面的心理健康值而言，在 Y_1、Y_2、Y_3 和 Y_{11} 中，Y_2 与 Y_3 的心理健康值最高，达到了 1.72。导致这一结果的原因是尽管这两处的积极声与消极声的比例相对较低，但这两处的声压级均低于 Y_1 和 Y_{11} 的声压级。所以，在认知层面，声压级的作用效果高于积极声比例的效果，这一结论与在自然声中的结论相反。在 Y_{24} ~ Y_{27} 中，这些驻留点处的心理健康值均较低。其中，Y_{27} 的情绪层面的心理健康值最低，仅为 −0.50，Y_{26} 的认知层面的心理健康值最低，仅为 −0.88。其原因是这些声景驻留点处的积极声比例均较低，而声压级相对较高，积极声的声信息掩蔽效应和景观的声能量掩蔽效应均不明显。

3.2 声景掩蔽因素的权重分析

为了计算出影响使用者心理健康的关键声景掩蔽因素，并为城市疗愈公园声景掩蔽阈值研究提供输入因子，本节根据声景掩蔽因素的识别分析结果，分别建立了声景观权重总体模型、声感知权重分层模型和声环境权重分层模型。

3.2.1 声景观权重总体模型

1. 声感知权重总体模型

在声感知权重的总体回归模型方面，应用逐步回归法建立了自然声环境的声感知因素与心理健康的总体回归模型（表 3-11，表中显著性水平 α^a 表示回归系数的显著性水平，显著性水平 α^b 表示回归方程的显著性水平）。在该总体模型中，输入因变量为心理健康值，输入自变量分别是交通声比例、自然声比例、活动声比例、宁静度、声舒适度。结果显示，声舒适度是影响情绪层面心理健康的关键掩蔽因素，而交通声比例是影响认知层面的心理健康的最重要掩蔽因素。总体回归模型的拟合程度较高，其 R^2（调整）在 0.750 以上，并且所解释的变量在 75.0% ~ 79.0% 之间。最终模型无共线性，回归系数和回归方程的显著性水平 $\alpha < 0.05$。其中，在情绪层面的心理健康的回归模型中，声舒适度和交通声比例解释了 74.4% ~ 75.4% 的变量，其权重分别是 0.521 和 0.391。而在认知层面的心理健康的回归模型中，交通声比例解释了 77.8% ~ 79.0% 的心理健康变量，其权重为 0.886 ~ 0.893。

自然声环境中声感知因素总体回归模型　　　　　　表 3-11

模型		共线性统计量	非标准化系数	标准系数	显著性水平 α^a	显著性水平 α^b
因变量	自变量					
愉悦—沮丧 R^2（调整）=0.750	常量	/	1.666	/	0.000**	0.000**
	声舒适度	3.461	0.316	0.521	0.006**	
	交通声比例	3.461	−1.605	−0.391	0.032*	
放松—焦虑 R^2（调整）=0.782	常量	/	1.112	/	0.000**	0.000**
	声舒适度	1.000	0.542	0.889	0.000**	
精力—疲惫 R^2（调整）=0.790	常量	/	2.312	/	0.000**	0.000**
	交通声比例	1.000	−3.953	−0.893	0.000**	
集中—分心 R^2（调整）=0.778	常量	/	1.737	/	0.000**	0.000**
	交通声比例	1.000	−3.271	−0.886	0.000**	

本书建立了音乐声环境的声感知与心理健康的总体回归模型（表 3-12）。在该总体模型中，输入因变量为心理健康值，输入自变量分别是交通声比例、音乐声比例、声舒适度、声多样性。结果显示，就愉悦—沮丧值而言，尽管 R^2（调整）高达 0.864，但是，模型中音乐声比例和交通声比例系数的影响方向发

生了改变，同时音乐声比例的回归系数的显著性水平 $\alpha \leq 0.05$，且其权重值最低（仅为 −0.259）。所以，该总体模型中可能存在共线性问题，故本书将音乐声比例从模型中剔除。在最终回归模型中，只有声舒适度显著影响愉悦—沮丧值。就精力—疲惫值而言，尽管音乐声比例的回归系数的显著性水平小于 0.05，回归模型中也可能存在共线性问题，所以在最终回归模型中，也仅有声舒适度的影响最显著。因此，在最终回归模型中，声舒适度是影响心理健康的关键掩蔽因素，总体回归模型的拟合程度较高，R^2（调整）在 0.422 以上，并且所解释的变量在 42.2% ~ 75.4% 之间。最终回归模型无共线性，回归系数和回归方程的显著性水平 $\alpha \leq 0.05$。其中，声舒适度解释了 74.4% ~ 75.4% 情绪层面心理健康的变量，其在归回模型中的权重值高达 0.868 ~ 0.873。而声舒适度仅解释了 42.2% ~ 53.4% 认知层面的心理健康变量，其在回归模型中的权重值为 0.665 ~ 0.742。

音乐声环境中声感知因素总体回归模型　　　　　　　表 3-12

模型		共线性统计量	非标准化系数	标准系数	显著性水平 α^a	显著性水平 α^b
因变量	自变量					
愉悦—沮丧 R^2（调整）=0.754	常量	/	0.809	/	0.000**	0.000**
	声舒适度	1.000	0.514	0.873	0.000**	
放松—焦虑 R^2（调整）=0.744	常量	/	0.759	/	0.000**	0.000**
	声舒适度	1.000	0.565	0.868	0.000**	
精力—疲惫 R^2（调整）=0.422	常量	/	0.247	/	0.089	0.000**
	声舒适度	1.000	0.490	0.665	0.000**	
集中—分心 R^2（调整）=0.534	常量	/	0.121	/	0.280	0.000**
	声舒适度	1.000	0.478	0.742	0.000**	

2. 声环境权重的总体模型

在声环境权重的总体回归模型方面，建立了自然声环境的声环境与心理健康的总体回归模型，如表 3-13 所示。在该总体模型中，输入因变量为心理健康值，就愉悦—沮丧值而言，输入自变量为 L_{90}、1000Hz 频段的声压级和粗糙度；

就放松—焦虑值、精力—疲惫值、集中—分心值而言，输入自变量为声压级、1000Hz 频率的声压级、响度和粗糙度。结果显示，L_{90} 是影响城市公园使用者心理健康的最重要掩蔽因素，总体回归模型的拟合程度较好，其 R^2（调整）在 0.376 以上，并且所解释的变量在 37.6% ~ 71.5% 之间。最终回归模型无共线性，回归系数和回归方程的显著性水平 $\alpha \leqslant 0.05$。其中，L_{90} 对认知层面的心理健康影响最大，其解释了 55.0% ~ 71.5% 认知层面的心理健康变量，其在归回模型中的权重为 1.097 ~ 1.158。在该总体回归模型中，由于响度这一变量的影响方向发生了改变，所以在最终回归模型中被剔除。而 L_{90} 对情绪层面的心理健康的影响较弱，其仅解释了 37.6% ~ 47.7% 情绪层面的心理健康变量，其在回归模型中的权重为 0.630 ~ 0.703。

自然声环境中声环境因素总体回归模型　　　　　表 3-13

模型		共线性统计量	非标准化系数	标准系数	显著性水平 α^a	显著性水平 α^b
因变量	自变量					
愉悦—沮丧 R^2（调整）=0.376	常量	/	7.768	/	0.000 **	0.000 **
	L_{90}	1.000	−0.137	−0.630	0.000 **	
放松—焦虑 R^2（调整）=0.477	常量	/	8.705	/	0.000 **	0.000 **
	L_{90}	1.000	−0.153	−0.703	0.000 **	
精力—疲惫 R^2（调整）=0.550	常量	/	11.807	/	0.000 **	0.000 **
	L_{90}	2.877	−0.256	−1.097	0.000 **	
集中—分心 R^2（调整）=0.715	常量	/	10.439	/	0.000 **	0.000 **
	L_{90}	2.877	−0.226	−1.158	0.000 **	

在音乐声环境的声环境与心理健康的总体回归模型中（表 3-14），输入因变量为心理健康值，就愉悦—沮丧值而言，输入自变量为 63Hz 频段、250Hz 频段、2000Hz 频段的声压级；就放松—焦虑值而言，输入自变量为 250Hz 频段的声压级；就精力—疲惫值而言，输入自变量为 63Hz 频段、125Hz 频段、250Hz 频段的声压级；就集中—分心值而言，输入自变量为 63Hz 频段和 250Hz 频段的声

压级。结果显示，尽管模型仅解释了 15.0% ~ 15.1% 的心理健康变量，其权重为 0.423 ~ 0.424，但 250Hz 频段的声压级是影响情绪层面心理健康的最关键掩蔽因素。250Hz 频段的声压级也是影响认知层面心理健康的重要掩蔽因素，并解释了高达 20.8% ~ 71.5% 的心理健康变量，其权重值为 0.414 ~ 0.421。

音乐声环境中声环境因素总体回归模型　　　　　表 3-14

模型		共线性统计量	非标准化系数	标准系数	显著性水平 α^a	显著性水平 α^b
因变量	自变量					
愉悦—沮丧 R^2（调整）=0.151	常量	/	-1.610	/	0.164	0.019*
	250Hz	1.000	0.063	0.424	0.019*	
放松—焦虑 R^2（调整）=0.150	常量	/	1.908	/	0.137	0.020*
	250Hz	1.000	0.070	0.053	0.020*	
精力—疲惫 R^2（调整）=0.208	常量	/	-2.864	/	0.014*	0.021*
	250Hz	1.000	0.079	0.421	0.007*	
集中—分心 R^2（调整）=0.715	常量	/	-2.519	/	0.052	0.023*
	250Hz	1.000	0.068	0.414	0.023*	

3.2.2　声感知权重分层模型

1. 声源感知权重分层模型

在声感知权重总体模型中，就放松—焦虑值而言，声舒适度是决定该值的关键因素。然而，交通声比例与声舒适度之间存在较强的因果关系，两者的判定性系数 R^2 达到了 0.711。所以，由声源感知和声环境感知组成的声感知权重总体模型存在一定的不合理性。因此，本书建立了自然声环境的声源感知比例与心理健康的分层回归模型（表 3-15）。在该分层回归模型中，输入因变量为心理健康值，输入自变量分别是交通声比例、自然声比例、活动声比例。结果显示，交通声比例是影响城市公园使用者心理健康的最重要掩蔽因素，分层回归模型的拟合程度较高，其 R^2（调整）在 0.678 以上，并且所解释的变量在 67.8% 以上。最终回归模型无共线性,回归系数和回归方程的显著性水平 $\alpha \leqslant 0.01$。其中,交通声比例解释了 77.8% ~ 79.0% 认知层面的心理健康变量,其在归回模型中的权重高达 0.886 ~ 0.893。而交通声比例解释了 67.8% ~ 68.0% 情绪层面的心理健康变量,其在回归模型中的权重达到了 0.830 ~ 0.831。

自然声环境中声源感知比例分层回归模型　　　　　　表 3-15

模型		共线性统计量	非标准化系数	标准系数	显著性水平 α^a	显著性水平 α^b
因变量	自变量					
愉悦—沮丧 R^2（调整）=0.678	常量	/	2.392	/	0.000**	0.000**
	交通声比例	1.000	−3.407	−0.830	0.000**	
放松—焦虑 R^2（调整）=0.680	常量	/	2.502	/	0.000**	0.000**
	交通声比例	1.000	−3.435	−0.831	0.000**	
精力—疲惫 R^2（调整）=0.790	常量	/	2.312	/	0.000**	0.000**
	交通声比例	1.000	−3.953	−0.893	0.000**	
集中—分心 R^2（调整）=0.778	常量	/	1.737	/	0.000**	0.000**
	交通声比例	1.000	−3.271	−0.886	0.000**	

在音乐声环境的声源感知比例与心理健康的分层回归模型中（表 3-16），输入因变量为心理健康值,输入自变量分别是交通声比例、音乐声比例、活动声比例。结果显示,交通声比例是影响城市公园使用者心理健康的最重要掩蔽因素,分层回归模型的拟合程度较高,其 R^2（调整）在 0.162 以上,并且所解释的变量在 16.2% ~ 49.2% 之间。最终回归模型无共线性,回归系数和回归方程的显著性水平 $\alpha \leqslant 0.01$。与自然声环境的分层模型相比,交通声比例的重要程度相对较低。因为在音乐声环境的分层回归模型中,交通声比例仅解释了 16.2% ~ 27.4% 认知层面的心理健康变量,其在归回模型中的权重为 0.437 ~ 0.547。并且交通声比例仅解释了 44.5% ~ 49.2% 情绪层面的心理健康变量,其在回归模型中的权重为 0.682 ~ 0.714。

音乐声环境中声源感知比例分层回归模型 表 3-16

模型		共线性统计量	非标准化系数	标准系数	显著性水平 α^a	显著性水平 α^b
因变量	自变量					
愉悦—沮丧 R^2（调整）=0.492	常量	/	2.509	/	0.000**	0.000**
	交通声比例	1.000	−3.027	−0.714	0.000**	
放松—焦虑 R^2（调整）=0.445	常量	/	2.569	/	0.000**	0.000**
	交通声比例	1.000	−3.196	−0.682	0.000**	
精力—疲惫 R^2（调整）=0.162	常量	/	1.618	/	0.001**	0.016*
	交通声比例	1.000	−2.321	−0.437	0.016*	
集中—分心 R^2（调整）=0.274	常量	/	1.581	/	0.000**	0.002**
	交通声比例	1.000	−2.542	−0.547	0.002**	

在城市公园的声环境中，交通声比例是影响使用者心理健康的最重要的声源掩蔽因素。因此，在基于心理健康的实际城市公园景观设计和优化时，应着重考虑对交通声的掩蔽效应，如通过城市公园景观对交通声进行声能量掩蔽，利用自然声和音乐声等积极声源对交通声进行声信息掩蔽。

2. 声环境感知权重分层模型

在自然声环境中，声环境感知因素与心理健康的分层回归模型如表 3-17 所示。在该分层回归模型中，输入因变量为心理健康值，输入自变量分别是宁静度、声舒适度、声多样性。结果显示，声舒适度是决定城市公园使用者心理健康的最重要的掩蔽因素，分层回归模型的拟合程度较高，其 R^2（调整）在 0.654 以上，并且所解释的变量在 65.4% ~ 78.2% 之间。最终回归模型无共线性，回归系数和回归方程的显著性水平 $\alpha \leqslant 0.05$。在情绪层面的分层回归模型中，声舒适度解释了高达 71.4% ~ 78.2% 的心理健康样本，其权重值达到了 0.851 ~ 0.889。而在认知层面的分层回归模型中，声舒适度解释了 65.4% ~ 66.7% 的心理健康变量，其权重值达到了 0.816 ~ 1.136。其中，对于精力—疲惫值而言，声舒适度和宁静度是决定心理健康的重要掩蔽因素，而声舒适度的重要程度是宁静度重要程度的 1.92 倍。

自然声环境中声环境感知因素分层回归模型　　表 3-17

模型		共线性统计量	非标准化系数	标准系数	显著性水平 α^a	显著性水平 α^b
因变量	自变量					
愉悦—沮丧 R^2（调整）=0.714	常量	/	1.011	/	0.000**	0.000**
	声舒适度	1.000	0.515	0.851	0.000**	
放松—焦虑 R^2（调整）=0.782	常量	/	1.112	/	0.000**	0.000**
	声舒适度	1.000	0.542	0.889	0.000**	
精力—疲惫 R^2（调整）=0.667	常量	/	0.189	/	0.420	0.000**
	声舒适度	2.815	0.742	1.136	0.000**	
	宁静度	2.815	0.386	0.430	0.024*	
集中—分心 R^2（调整）=0.654	常量	/	0.405	/	0.000**	0.000**
	声舒适度	1.000	0.445	0.816	0.000**	

在音乐声环境的声环境感知与心理健康的分层回归模型中（表 3-18），输入因变量为心理健康值，输入自变量分别是宁静度、声舒适度、声多样性。结果显示，声舒适度也是影响城市公园使用者心理健康的最重要掩蔽因素，分层回归模型的拟合程度较高，其 R^2（调整）在 0.422 以上，并且所解释的变

音乐声环境中声环境感知因素分层回归模型　　表 3-18

模型		共线性统计量	非标准化系数	标准系数	显著性水平 α^a	显著性水平 α^b
因变量	自变量					
愉悦—沮丧 R^2（调整）=0.754	常量	/	0.809	/	0.000**	0.000**
	声舒适度	1.000	0.514	0.873	0.000**	
放松—焦虑 R^2（调整）=0.744	常量	/	0.759	/	0.000**	0.000**
	声舒适度	1.000	0.565	0.868	0.000**	
精力—疲惫 R^2（调整）=0.422	常量	/	0.247	/	0.089	0.000**
	声舒适度	1.000	0.490	0.665	0.000**	
集中—分心 R^2（调整）=0.534	常量	/	0.121	/	0.280	0.000**
	声舒适度	1.000	0.478	0.472	0.000**	

量在 42.2% 以上。最终回归模型无共线性，回归系数和回归方程的显著性水平 $\alpha \leqslant 0.01$。其中，在情绪层面的心理健康的分层回归模型中，声舒适度解释了 74.4% ~ 75.4% 的变量，其权重高达 0.868 ~ 0.873。而在认知层面的心理健康的分层回归模型中，声舒适度仅解释了 42.2% ~ 53.4% 的变量，其权重为 0.472 ~ 0.665。

3.2.3　声环境权重分层模型

1. 声压级权重分层模型

自然声环境的声压级因素与心理健康的分层回归模型如表 3-19 所示。在该分层回归模型中，输入因变量为心理健康值，输入自变量分别是 L_{Aeq}、L_{90}、L_{50}、L_{10}。结果显示，L_{90} 是影响城市公园使用者心理健康的最重要掩蔽因素，分层回归模型的拟合程度较好，其 R^2（调整）在 0.376 以上，并且所解释的变量在 37.6% ~ 66.3% 之间。最终回归模型无共线性，回归系数和回归方程的显著性水平 $\alpha \leqslant 0.01$。其中，L_{90} 对认知层面的心理健康影响最大，其解释了 48.2% ~ 66.3% 认知层面的心理健康变量，其在归回模型中的权重高达

自然声环境中声压级因素分层回归模型　　　　　　表 3-19

模型		共线性统计量	非标准化系数	标准系数	显著性水平 α^{a}	显著性水平 α^{b}
因变量	自变量					
愉悦—沮丧 R^2（调整）=0.376	常量	/	7.768	/	0.000 **	0.000 **
	L_{90}	1.000	−0.137	−0.630	0.000 **	
放松—焦虑 R^2（调整）=0.477	常量	/	8.705	/	0.000 **	0.000 **
	L_{90}	1.000	−0.153	−0.703	0.000 **	
精力—疲惫 R^2（调整）=0.482	常量	/	8.886	/	0.000 **	0.000 **
	L_{90}	1.000	−0.165	−0.707	0.000 **	
集中—分心 R^2（调整）=0.663	常量	/	8.340	/	0.000 **	0.000 **
	L_{90}	1.000	−0.160	0.821	0.000 **	

0.707 ~ 0.821。而 L_{90} 仅解释了 37.6% ~ 47.7% 情绪层面的心理健康变量，其在回归模型中的权重为 0.630 ~ 0.703。由于音乐声环境的声压级因素与心理健康之间的关系并不显著，因此无法建立音乐声环境的声压级因素与心理健康的分层回归模型。

2. 声频率权重分层模型

在自然声环境中，声频率因素与心理健康的分层回归模型如表 3-20 所示。在该分层模型中，输入因变量为心理健康值，输入自变量分别是 63Hz、125Hz、250Hz、500Hz、1000Hz、2000Hz 频段的声压级。结果显示，1000Hz 频段的声频是影响城市公园使用者心理健康的最重要掩蔽因素，分层回归模型的拟合程度较一般，其 R^2（调整）在 0.150 以上，并且所解释的变量在 15.0% ~ 31.5% 之间。最终回归模型无共线性，回归系数和回归方程的显著性水平 $\alpha \leqslant 0.05$。其中，1000Hz 频段的声频对认知层面的心理健康影响较强，其解释了 15.8% ~ 31.5% 认知层面的心理健康变量，其在归回模型中的权重为 0.433 ~ 0.582。而 1000Hz 频段的声频对情绪层面的心理健康影响较弱，其仅解释了 15.0% ~ 26.2% 情绪层面的心理健康变量，其在回归模型中的权重为 0.423 ~ 0.536。

自然声环境中声频率因素分层回归模型　　　　　　　　　　表 3-20

模型		共线性统计量	非标准化系数	标准系数	显著性水平 α^a	显著性水平 α^b
因变量	自变量					
愉悦—沮丧 R^2（调整）=0.150	常量	/	4.996	/	0.005**	0.020*
	1000Hz	1.000	−0.084	−0.423	0.020*	
放松—焦虑 R^2（调整）=0.262	常量	/	6.203	/	0.000**	0.002**
	1000Hz	1.000	−0.107	−0.536	0.002**	
精力—疲惫 R^2（调整）=0.158	常量	/	5.105	/	0.007**	0.017*
	1000Hz	1.000	−0.093	−0.433	0.017*	
集中—分心 R^2（调整）=0.315	常量	/	5.354	/	0.000**	0.001**
	1000Hz	1.000	−0.104	−0.582	0.001**	

在音乐声环境中，声频率因素与心理健康的分层回归模型如表 3-21 所示。在该分层模型中，输入因变量为心理健康值，输入自变量分别是 63Hz、125Hz、250Hz、2000Hz 频段的声频。结果显示，250Hz 频段的声频是影响音乐声环境中使用者心理健康的最重要掩蔽因素，分层回归模型的拟合程度较低，其 R^2（调整）在 0.142 ~ 0.151 范围内，并且所解释的变量在 14.2% ~ 15.1% 之间。最终回归模型无共线性，回归系数和回归方程的显著性水平均小于 0.05。250Hz 频段的声频对情绪层面和认知层面的心理健康影响均较弱，其在归回模型中的权重值在 0.414 ~ 0.424 之间。

音乐声环境中声频率因素分层回归模型　　　　表 3-21

模型		共线性统计量	非标准化系数	标准系数	显著性水平 α^a	显著性水平 α^b
因变量	自变量					
愉悦—沮丧 R^2（调整）=0.151	常量	/	-1.610	/	0.164	0.019*
	250Hz	1.000	0.063	0.424	0.019*	
放松—焦虑 R^2（调整）=0.150	常量	/	-1.908	/	0.137	0.020*
	250Hz	1.000	0.070	0.423	0.020*	
精力—疲惫 R^2（调整）=0.148	常量	/	-2.864	/	0.053	0.021*
	250Hz	1.000	0.079	0.421	0.021*	
集中—分心 R^2（调整）=0.142	常量	/	-2.519	/	0.052	0.023*
	250Hz	1.000	0.068	0.414	0.023*	

3. 心理声学权重分层模型

在自然声环境中，心理声学因素与心理健康的分层回归模型如表 3-22 所示。在该分层模型中，输入因变量为心理健康值，输入自变量分别是响度、粗糙度、尖锐度、波动强度。结果显示，粗糙度是影响城市公园使用者心理健康的最重要掩蔽因素，分层回归模型的拟合程度较低，其 R^2（调整）在 0.127 以上，并且所解释的变量在 12.7% ~ 32.3% 之间。最终回归模型无共线性，回归系数和回归方程的显著性水平 $\alpha \leqslant 0.05$。其中，粗糙度对认知层面的心理健康影响较强，其解释了 19.1% ~ 32.3% 认知层面的心理健康变量，其在归回模型中的权重为 0.467 ~ 0.589。而粗糙度对情绪层面的心理健康影响较弱，其仅解释了 12.7% ~ 23.7% 情绪层面的心理健康变量，其在回归模型中的权重为 0.396 ~ 0.514。由于音乐声环境的心理声学因素与心理健康之间的关系并不显著，因此无法建立音乐声环境的心理声学因素与心理健康的分层回归模型。

自然声环境中心理声学因素分层回归模型　　　　表 3-22

模型		共线性统计量	非标准化系数	标准系数	显著性水平 α^a	显著性水平 α^b
因变量	自变量					
愉悦—沮丧 R^2（调整）=0.127	常量	/	2.920	/	0.002**	0.030*
	粗糙度	1.000	−1.192	−0.396	0.030*	
放松—焦虑 R^2（调整）=0.237	常量	/	3.618	/	0.000**	0.004**
	粗糙度	1.000	−1.557	−0.514	0.004**	
精力—疲惫 R^2（调整）=0.191	常量	/	3.148	/	0.002**	0.009**
	粗糙度	1.000	−1.519	−0.467	0.009**	
集中—分心 R^2（调整）=0.323	常量	/	2.983	/	0.000**	0.001**
	粗糙度	1.000	−1.594	−0.589	0.001**	

3.3 声景掩蔽因素的阈值分析

　　本节在声景掩蔽因素的识别分析和权重分析的基础上，给出了城市疗愈公园声感知阈值和声环境阈值。首先，通过建立回归方程的方法分析了良好心理健康下的声感知阈值，包括声源感知阈值和声环境感知阈值。其次，探索了良好心理健康下的声环境阈值，包括声压级阈值、声频率阈值、心理声学阈值。良好心理健康下的声景掩蔽阈值表示当心理健康值达到 0 或以上时所对应的声景掩蔽因素范围。

3.3.1 声感知因素的阈值分析

1. 城市疗愈公园中的声源感知阈值

根据声感知权重的回归模型结果，分别建立了自然声环境和音乐声环境的声感知因素与心理健康的线性回归方程。

在自然声环境中，交通声比例是决定城市公园中使用者心理健康的最显著掩蔽因素。所以，建立了交通声比例与心理健康的线性回归方程，分别是：

$y_1=2.392-3.407x_a$，$R^2=0.689$，$P=0.000$；

$y_2=2.502-3.435x_a$，$R^2=0.691$，$P=0.000$；

$y_3=2.312-3.953x_a$，$R^2=0.797$，$P=0.000$；

$y_4=1.737-3.271x_a$，$R^2=0.785$，$P=0.000$。

其中，x_a表示交通声比例，y_1、y_2、y_3、y_4分别表示愉悦—沮丧值、放松—焦虑值、精力—疲惫值、集中—分心值。

结果显示，一方面随着交通声比例的增加，使用者的心理健康值呈下降趋势。而随着交通声比例的增加，情绪层面和认知层面的心理健康值的下降程度并无明显区别。其中，交通声比例每增加10%，情绪层面和认知层面的心理健康值分别降低0.342和0.361。另一方面，当交通声比例增加到53.1%时，认知层面的心理健康趋向于消极反应，而当交通声比例增加到70.2%时，情绪层面的消极反应开始出现。其中，当交通声比例增加到53.1%时，心理健康趋向于分心；当交通声比例增加到58.5%时，心理健康趋向于疲惫；当交通声比例增加到70.2%时，心理健康趋向于沮丧；当交通声比例增加到72.8%时，心理健康趋向于焦虑。因此，根据线性回归模型预测可知，随着交通声比例的增加，大部分城市公园的使用者首先表现出分心，然后是疲惫和沮丧的消极反应，最后是焦虑的消极反应。

在音乐声环境的声感知因素与心理健康的线性回归方程中，交通声比例也是决定城市公园中使用者心理健康的最显著掩蔽因素。所以，音乐声环境的交通声比例与心理健康的线性回归方程也得到了建立，分别是：

$$y_1=2.509-3.027x_b，R^2=0.510，P=0.000；$$

$$y_2=2.569-3.196x_b，R^2=0.464，P=0.000；$$

$$y_3=1.618-2.321x_b，R^2=0.191，P=0.016；$$

$$y_4=1.581-2.542x_b，R^2=0.299，P=0.002。$$

其中，x_b 表示交通声比例，y_1、y_2、y_3、y_4 分别表示愉悦—沮丧值、放松—焦虑值、精力—疲惫值、集中—分心值。

结果显示，一方面随着交通声比例的增加，使用者的心理健康值也呈下降趋势。而随着交通声比例的增加，城市公园使用者的情绪层面和认知层面的心理健康值的下降程度并无明显区别。交通声比例每增加10%，情绪层面和认知层面的心理健康值分别降低0.312和0.243。另一方面，当交通声比例增加到62.2%时，认知层面的心理健康趋向于消极反应，而当交通声比例增加到80.4%时，情绪层面的消极反应开始出现。其中，当交通声比例增加到62.2%时，心理健康趋向于分心；当交通声比例增加到69.7%时，心理健康趋向于疲惫；当交通声比例增加到80.4%时，心理健康趋向于焦虑；当交通声比例增加到82.9%时，心理健康趋向于沮丧。因此，在自然声环境和音乐声环境中，随着交通声比例的增加，大部分使用者均先出现认知层面的消极反应，然后是情绪层面的消极反应。而在音乐声环境中，使用者首先出现分心，然后是疲惫和焦虑，最后是沮丧。这一结果与自然声环境中的结果不一致。

从上述结果中可以发现，随着声环境的变化，城市公园中使用者均先出现消极的认知反应，然后是消极的情绪反应。所以，使用者在认知层面的容忍度低于情绪层面的容忍度，这一结果与声环境差异下的因素分析结果一致。而且，使用者在自然声环境中的心理健康容忍度低于其在音乐声环境中的心理健康容忍度。例如，在自然声环境中，当交通声比例增加到53.1%时，使用者的心理健康表现为分心；而在音乐声环境中，只有当交通声比例增加到62.2%时，使用者才会出现分心的消极反应。这种趋势也体现在情绪层面的心理健康中。所以，利用城市疗愈公园中的自然声和音乐声掩蔽交通声的声信息，从而改善使用者的心理健康状态具有一定的可行性。但考虑到活动声的存在，情境因素差异下的声信息掩蔽作用机制依然不清晰。因此，本书提出假设：自然声和音乐声能够通过掩蔽交通声的声信息改善使用者的心理健康状态，这一假设将在第4章中得到验证。

2. 城市疗愈公园中的声环境感知阈值

在声环境感知阈值的计算方面，本书根据声环境感知权重的回归模型结果，分别建立了自然声环境和音乐声环境的声环境感知因素与心理健康的线性回归方程。

在自然声环境中，声舒适度是决定使用者心理健康的最显著掩蔽因素。所以，本书建立了声舒适度与心理健康的线性回归方程，分别是：

$y_1=1.011+0.515x_{c1}$，$R^2=0.723$，$P=0.000$；

$y_2=1.112+0.542x_{c1}$，$R^2=0.790$，$P=0.000$；

$y_3=0.159+0.742x_{c1}+0.386x_{c2}$，$R^2=0.624$，$P=0.000$；

$y_4=0.405+0.445x_{c1}$，$R^2=0.666$，$P=0.000$。

其中，x_{c1}为声舒适度，x_{c2}为宁静度，y_1、y_2、y_3、y_4分别表示愉悦—沮丧值、放松—焦虑值、精力—疲惫值、集中—分心值。

结果显示，一方面随着声舒适度的增加，使用者的心理健康值呈上升趋势。而随着声舒适度的增加，情绪层面和认知层面的心理健康值的上升程度并无明显区别。声舒适度每增加1.000，情绪层面和认知层面的心理健康值分别增加0.529和0.594。另一方面，当声舒适度增加到 –2.052 时，情绪层面的心理健康趋向于积极反应，而当声舒适度增加到 –0.910 时，认知层面的积极反应开始出现。其中，当声舒适度增加到 –2.052 时，使用者的心理健康趋向于放松；当声舒适度增加到 –1.963 时，心理健康趋向于愉悦；当声舒适度增加到 –0.910 时，心理健康趋向于集中；当声舒适度增加到 –0.214 时，心理健康趋向于精力。因此，随着声舒适度增加，城市公园中的大部分使用者首先出现放松，然后是愉悦和集中，最后是精力。

在音乐声环境的声环境感知因素与心理健康的线性回归方程中，声舒适度也是决定使用者心理健康的最显著掩蔽因素。所以，音乐声环境的声舒适度与心理健康的线性回归方程也得到了建立，分别是：

$y_1=0.809+0.514x_d$，$R^2=0.763$，$P=0.000$；

$y_2=0.759+0.565x_\mathrm{d}$，$R^2=0.753$，$P=0.000$；

$y_3=0.247+0.490x_\mathrm{d}$，$R^2=0.442$，$P=0.000$；

$y_4=0.121+0.478x_\mathrm{d}$，$R^2=0.550$，$P=0.000$。

其中，x_d 表示交通声比例，y_1、y_2、y_3、y_4 分别表示愉悦—沮丧值、放松—焦虑值、精力—疲惫值、集中—分心值。

结果显示，一方面随着声舒适度的增加，使用者的心理健康值呈上升趋势。而随着声舒适度的增加，情绪层面和认知层面心理健康值的上升程度并无明显区别。声舒适度每增加 1.000,情绪层面和认知层面的心理健康值分别增加 0.540 和 0.484。另一方面，在自然声环境和音乐声环境中，随着声舒适度的增加，城市公园中的多数使用者均先出现情绪层面的积极反应，然后是认知层面的积极反应。当声舒适度增加到 −1.574 时，情绪层面的心理健康趋向于积极反应，当声舒适度增加到 −0.504 时，认知层面的积极反应开始出现。其中，当声舒适度增加到 −1.574 时，使用者的心理健康趋向于愉悦；当声舒适度增加到 −1.343 时，心理健康趋向于放松；当声舒适度增加到 −0.504 时，心理健康趋向于精力；当声舒适度增加到 −0.253 时，心理健康趋向于集中。因此，随着声舒适度增加，大部分城市公园的使用者首先出现愉悦，然后是放松和精力，最后是集中。

3.3.2 声环境因素的阈值分析

1. 城市疗愈公园中的声压级阈值

本书根据声压级权重的回归模型结果，建立了自然声环境的声压级因素与心理健康的线性回归方程。其中，L_{90} 是决定城市公园中使用者心理健康的最显著掩蔽因素。所以，L_{90} 与心理健康的线性回归方程分别是：

$y_1=7.768-0.137x_\mathrm{e}$，$R^2=0.397$，$P=0.000$；

$y_2=8.705-0.153x_\mathrm{e}$，$R^2=0.495$，$P=0.000$；

$y_3=8.886-0.165x_\mathrm{e}$，$R^2=0.500$，$P=0.000$；

$y_4=8.340-0.160x_\mathrm{e}$，$R^2=0.675$，$P=0.000$。

其中，x_e 表示 L_{90}，y_1、y_2、y_3、y_4 分别表示愉悦—沮丧值、放松—焦虑值、精

力—疲惫值、集中—分心值。

结果显示，随着 L_{90} 的增加，使用者的心理健康值呈下降趋势。但是，情绪层面和认知层面的心理健康值的上升程度并无明显区别。L_{90} 每增加 10.0dB（A），情绪层面和认知层面的心理健康值分别降低 1.45 和 1.63。当 L_{90} 增加到 52.1dB（A）时，认知层面的心理健康趋向于消极。其中，当 L_{90} 增加到 52.1dB（A）时，心理健康趋向于分心；而当 L_{90} 增加到 53.9dB（A）时，心理健康趋向于疲惫。而当 L_{90} 增加到 56.7dB（A）时，情绪层面的心理健康趋向于消极。其中，当 L_{90} 增加到 56.7dB（A）时，心理健康趋向于沮丧；而当 L_{90} 增加到 56.9dB（A）时，心理健康趋向于焦虑。因此，随着 L_{90} 的增加，城市公园中大部分使用者首先出现分心，然后是疲惫和沮丧，最后是焦虑。在音乐声环境中，由于声压级因素与心理健康之间的关系不显著，故本书无法给出城市疗愈公园中的音乐声环境的声压级阈值。

2. 城市疗愈公园中的声频率阈值

在自然声环境中，本书根据声频率权重的回归模型结果，建立了声频率因素与心理健康的线性回归方程。其中，1000Hz 频段的声压级是决定使用者心理健康的唯一掩蔽要素。所以，1000Hz 频段的声压级与心理健康的线性回归方程分别是：

$y_1 = 4.996 - 0.084x_f$，$R^2 = 0.179$，$P = 0.020$；

$y_2 = 6.203 - 0.107x_f$，$R^2 = 0.287$，$P = 0.002$；

$y_3 = 5.105 - 0.093x_f$，$R^2 = 0.187$，$P = 0.017$；

$y_4 = 5.354 - 0.104x_f$，$R^2 = 0.339$，$P = 0.001$。

其中，x_f 表示 1000Hz 频段的声压级，y_1、y_2、y_3、y_4 分别表示愉悦—沮丧值、放松—焦虑值、精力—疲惫值、集中—分心值。

结果显示，随着 1000Hz 频段的声压级增加，认知层面和情绪层面的心理健康值均呈现下降趋势，但这两个层面的心理健康值的下降程度并没有明显区别。1000Hz 频段的声压级每增加 10.0dB（A），情绪层面和认知层面的心理健康值分别降低 4.660 和 4.245。当 1000Hz 频段的声压级增加到 51.5dB（A）时，认知层面的心理健康趋向于消极。其中，当 1000Hz 频段的声压级增加到

51.5dB（A）时，心理健康趋向于分心；当其增加到 54.9dB（A）时，心理健康趋向于疲惫。而当 1000Hz 频段的声压级增加到 58.0dB（A）时，情绪层面的心理健康趋向于消极。其中，当 1000Hz 频段的声压级增加到 58.0dB（A）时，心理健康趋向于焦虑；当其增加到 59.5dB（A）时，心理健康趋向于沮丧。因此，随着 1000Hz 频段的声压级增加，城市公园中的大部分使用者首先出现分心，然后是疲惫和焦虑，最后是沮丧。在音乐声环境中，由于声频率因素与心理健康之间的关系不显著，所以本书无法给出城市疗愈公园中的音乐声环境的声频率阈值。

在音乐声环境中，本书建立了声频率因素与心理健康的线性回归方程。其线性回归方程分别是：

$y_1=0.063x_g-1.610$，$R^2=0.180$，$P=0.019$；

$y_2=0.070x_g-1.908$，$R^2=0.179$，$P=0.020$；

$y_3=0.079x_g-2.864$，$R^2=0.177$，$P=0.021$；

$y_4=0.068x_g-2.519$，$R^2=0.172$，$P=0.023$。

其中，x_g 表示 250Hz 频段的声压级，y_1、y_2、y_3、y_4 分别表示愉悦—沮丧值、放松—焦虑值、精力—疲惫值、集中—分心值。

结果显示，随着 250Hz 频段声压级的增加，心理健康值均呈现上升趋势，这一趋势与自然声环境中的趋势相反。当 250Hz 频段的声压级降低到 37.0dB（A）时，认知层面的心理健康趋向于消极。其中，当 250Hz 频段的声压级降低到 37.0dB（A）时，心理健康趋向于分心；当其降低到 36.3dB（A）时，心理健康趋向于疲惫。而当 250Hz 频段的声压级降低到 27.3dB（A）时，情绪层面的心理健康趋向于消极。其中，当 250Hz 频段的声压级降低到 27.3dB（A）时，心理健康趋向于焦虑；当其降低到 25.6dB（A）时，心理健康趋向于沮丧。

3. 城市疗愈公园中的心理声学阈值

本书根据心理声学权重的回归模型结果，建立了自然声环境的粗糙度与心理健康的线性回归方程。其线性回归方程分别是：

$y_1=2.920-1.192x_h$，$R^2=0.157$，$P=0.030$；

$y_2=3.618-1.557x_h$，$R^2=0.264$，$P=0.004$；

$y_3 = 3.148 - 1.519x_\text{h}$，$R^2 = 0.219$，$P = 0.009$；

$y_4 = 2.983 - 1.594x_\text{h}$，$R^2 = 0.346$，$P = 0.001$。

其中，x_h 表示粗糙度，y_1、y_2、y_3、y_4 分别表示愉悦—沮丧值、放松—焦虑值、精力—疲惫值、集中—分心值。

结果显示，随着粗糙度的增加，认知层面和情绪层面的心理健康值均呈现出下降趋势，但这两个层面的心理健康值的下降程度并没有明显差异。粗糙度每增加 1.000，情绪层面和认知层面的心理健康值分别降低 1.895 和 1.509。当粗糙度增加到 1.871 时，认知层面的心理健康趋向于消极。其中，当粗糙度增加到 1.871 时，心理健康趋向于分心；当粗糙度增加到 2.072 时，心理健康趋向于疲惫。当粗糙度增加到 2.324 时，情绪层面开始趋向于消极。其中，当粗糙度增加到 2.324 时，心理健康趋向于焦虑；当粗糙度增加到 2.450 时，心理健康趋向于沮丧。因此，随着粗糙度的增加，城市公园中的大部分使用者首先出现分心，然后是疲惫和焦虑，最后是沮丧。而在音乐声环境中，由于心理声学因素与心理健康之间的关系不显著，所以本书无法给出城市疗愈公园中的音乐声环境的心理声学阈值。

3.4　本章小结

本章通过心理漫步的调查与实施，分别探索了自然声环境和音乐声环境中城市疗愈公园声景掩蔽因素与使用者心理健康之间的关系。然后，根据其统计分析结果给出了影响城市疗愈公园声景掩蔽因素，建立了城市疗愈公园声景掩蔽因素的权重分析模型，并最终计算出了城市疗愈公园声景掩蔽阈值。

在声景掩蔽因素的识别分析中，声感知因素和声环境因素均与心理健康存在显著的相关关系。在声感知因素中，交通声比例、自然声比例、音乐声比例、声舒适度是影响心理健康的显著因素，而活动声比例、宁静度、声多样性的显著性均受到情境因素的影响。此外，声环境因素的显著性也受到情境因素的影响。

在声景掩蔽因素的权重分析中，就声感知因素而言，交通声比例和声舒适度是影响心理健康的关键因素。两者在自然声环境和音乐声环境中的平均权重值分别达到了 0.728 和 0.821。就声环境因素而言，自然声环境中的背景声压级、1000Hz 频段声压级、粗糙度最重要，其平均权重值分别为 0.715、0.494、0.492，而音乐声环境中的 250Hz 频段声压级最关键，其平均权重值为 0.421。根据本章结果，声源类型、单一声源声压级、情境因素（主导声源差异）对声信息掩蔽效应的作用效果尤为重要，结合这些因素研究积极声源对交通声的声信息掩蔽效应，从而改善使用者的心理健康状态具有一定的可行性，但基于上述因素的声信息掩蔽机制并未在本章中得出，所以这些因素将在第 4 章声掩蔽效应的实验室研究中进行讨论。

在城市公园声景掩蔽阈值的结果中，本章计算了显著影响心理健康的交通声比例阈值、声舒适度阈值、L_{90} 阈值、1000Hz 频段的声压级阈值、粗糙度阈值。其中，使用者对于交通声的容忍度均表现为先认知层面的不舒适，然后是情绪层面的消极反应。例如，当交通声比例增加到 53.1% 时，认知层面的心理健康趋向于消极反应；而当交通声比例增加到 70.2% 时，情绪层面的消极反应开始出现。根据本章结果，景观类型、景观高度、景观形式对掩蔽交通声的声能量均有一定的影响，但本章并未给出通过景观参数调控交通声声能量的相关数据，因此，本书将在第 5 章中探索景观参数对声能量掩蔽效应的影响，在此基础上，对城市公园声环境进行基于心理健康的设计和优化。

第 4 章
城市疗愈公园声掩蔽效应的实验分析

4

　　基于第 3 章的现场实测研究，本章主要探索了城市疗愈公园声信息掩蔽效应，包括交通声对心理健康的影响、自然声差异下的声信息掩蔽效应和音乐声差异下的声信息掩蔽效应。

　　·在交通声对心理健康的影响方面，本章分别探讨了交通声类型和交通声压级对心理健康的影响。

　　·在分析积极声对交通声的声信息掩蔽效应的过程中，本章分别分析了自然声类型差异下、自然声压级差异下、音乐声类型差异下、音乐声压级差异下的声信息掩蔽效应。

　　·考虑到活动声在城市公园声环境中的重要性，本章分别研究了自然声环境和音乐声环境中，情境因素对声信息掩蔽效应的影响。

　　本章对于声信息掩蔽效应的研究有利于第 5 章声能量掩蔽效应的实验实施。其中，本章中交通声与心理健康的关系研究为第 5 章城市疗愈公园声景观设计和优化提供了数据支撑。

4.1 交通声对心理健康的影响

由于本书对于声信息掩蔽效应的探索是基于心理健康的，所以在探索不同积极声对交通声的声信息掩蔽效应差异之前，本节分析了交通声与使用者心理健康之间的关系。本节的研究内容为自然声和音乐声的声信息掩蔽效应研究奠定了基础。其中，首先分析了交通声类型差异下的心理健康，然后又分析了交通声声压级差异下的心理健康。

4.1.1 交通声类型的影响

1. 交通声类型差异下的声环境感知值

在交通声类型方面，本书选用了 3 种典型的交通声作为研究对象，包括发动机工作声（交通声 A）、轮胎摩擦声（交通声 B）、车辆鸣笛声（交通声 C）。这 3 种声源分别对应图 4-1 的实验组 1-1、实验组 1-2、实验组 1-3。首先分析了这 3 类典型交通声对被试者声感知的影响，其声压级均被设置为 60.0dB（A）。

在对被试者的宁静度的影响方面，方差分析的结果显示实验组 1-2 和实验组 1-3 的均值存在显著差异（$P=0.041$），而实验组 1-1 和实验组 1-2 之间的均值差异（$P=0.198$）、实验组 1-1 和实验组 1-3 之间的均值差异均不显著（$P=0.439$）。在声压级相同的条件下，多数被试者认为交通声 B 的宁静度最高，而交通声 C 最吵闹。其中，交通声 B 的宁静度均值高达 –0.13，交通声 A 的宁静度均值次之为 –0.59，交通声 C 的宁静度均值最低仅为 –0.88。

在对被试者的声舒适度的影响方面，方差分析的结果显示，实验组 1-1 和实验组 1-2 的均值无明显差异（$P=0.377$），而实验组 1-1 和实验组 1-3 之间的均值差异（$P=0.002$）、实验组 1-2 和实验组 1-3 之间的均值差异（$P=0.000$）均存在显著性。在声压级相同的条件下，交通声 B 是被试者公认的最舒适的声音，而令被试者感觉最不舒适的声音是交通声 C，其声舒适度均值仅为 −1.530。这是因为在低频声中，交通声 C 的低频声压级相对较高（尤其是 50Hz、63Hz、80Hz 频段的声压级，图 2-4），且被试者对低频声的容忍程度较低，从而导致被试者对交通声 C 的声舒适度评价最低。还有一个原因是交通声 B 的波形相对平缓，而交通声 C 的波形波动较大。

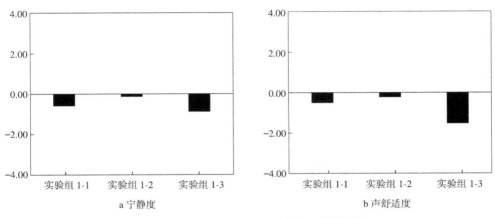

图 4-1　交通声类型差异下的声环境感知值

2. 交通声类型差异下的心理健康值

在对情绪层面的心理健康的影响方面，就愉悦—沮丧均值而言，3 组实验组的心理健康均值无明显差异（P 值范围在 0.194 ~ 0.813）。就放松—焦虑均值而言，实验组 1-2 和实验组 1-3 之间的均值差异存在显著性（P=0.036）。在声压级相同的前提下，交通声 B 刺激下的被试者的心理健康均值最高，其次是交通声 A 刺激下的被试者的心理健康均值，而交通声 C 刺激下的被试者的心理健康均值最低（图 4-2）。其中，在交通声 B 的刺激下，被试者在愉悦—沮丧和放松—焦虑方面的心理健康均值均最高，分别高达 −0.09 和 0.19。这一结果能够证明交通声中的低频部分对被试者的声感知方面和情绪反应方面的影响较为相似。

在对认知层面的心理健康的影响方面，实验组 1-1 和实验组 1-3 的精力—疲惫均值存在显著差异（P=0.006），而就集中—分心均值而言，3 组实验的均值并无显著性差异（P 值范围在 0.061 ～ 0.479）。在声压级相同的前提下，在交通声 A 的刺激下，被试者在精力—疲惫方面的心理健康均值最高，分别比交通声 B 和交通声 C 刺激下的心理健康均值高出 0.41 和 0.84。而在交通声 B 的刺激下，被试者在集中—分心方面的心理健康均值最高，高达 -0.25，分别比在交通声 A 和交通声 C 刺激下的心理健康均值高出 0.47 和 0.75。

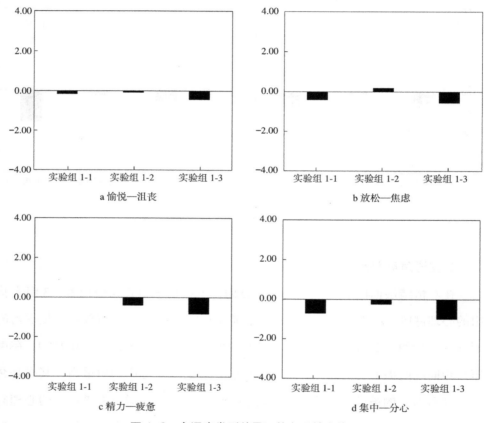

图 4-2 交通声类型差异下的心理健康值

4.1.2 交通声压级的影响

本小节建立了交通声压级与心理健康之间的关系，其目的在于以下两点，一是为了比较在实验室测量中和现场测量中声压级与心理健康之间的关系差异；二是为基于心理健康的城市公园声能量掩蔽效应研究提供数据和理论支持。

首先，对声压级样本和心理健康样本进行了 K-S 检验，结果显示样本分布均服从正态分布。然后对交通声 B 的声压级与被试者的心理健康值的关系建立了线性回归方程，分别是（图4-3 实线）：

$y_1=4.066-0.07x_i$，$R^2=0.986$，$P=0.000$；

$y_2=6.19-0.103x_i$，$R^2=0.976$，$P=0.000$；

$y_3=3.061-0.058x_i$，$R^2=0.978$，$P=0.000$；

$y_4=4.059-0.074x_i$，$R^2=0.980$，$P=0.000$。

其中，x_i 表示交通声压级，y_1、y_2、y_3、y_4 分别表示愉悦—沮丧值、放松—焦虑值、精力—疲惫值、集中—分心值。

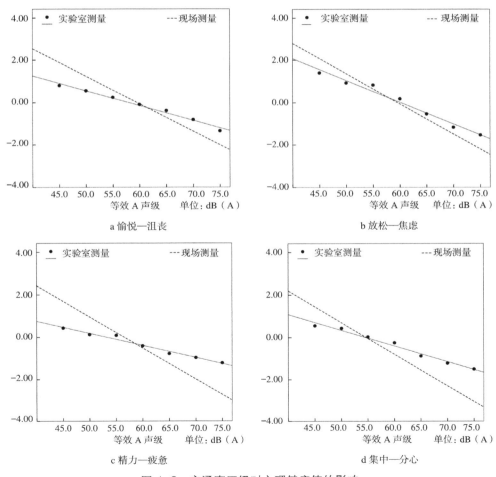

图 4-3　交通声压级对心理健康值的影响

然后，又对现场测量中环境声压级与使用者心理健康之间的关系建立了线性回归方程。由于音乐声环境的声压级与心理健康之间的关系没有统计学意义，而自然声环境的声压级与心理健康之间存在显著的负相关关系。因此，本书建立了自然声环境的声压级与心理健康值之间的线性回归方程（图4-3虚线）：

$y_1=7.755-0.130x_j$，$R^2=0.366$，$P=0.000$；

$y_2=8.530-0.143x_j$，$R^2=0.437$，$P=0.000$；

$y_3=8.354-0.147x_j$，$R^2=0.405$，$P=0.000$；

$y_4=8.203-0.150x_j$，$R^2=0.603$，$P=0.000$。

其中，x_j表示环境声压级，y_1、y_2、y_3、y_4分别表示愉悦—沮丧值、放松—焦虑值、精力—疲惫值、集中—分心值。

结果显示，随着声压级的增加，心理健康值均呈现下降趋势。而随着声压级的增加，现场测量中心理健康值的降低速率高于实验室测量中心理健康值的降低速率。在声压级与情绪层面的心理健康的关系方面，交通声压级每增加5.0dB（A），愉悦—沮丧值、放松—焦虑值分别降低0.350、0.515。而环境声压级每增加5.0dB（A），愉悦—沮丧值、放松—焦虑值分别降低0.650、0.715。根据这些研究结果，本书提出假设：导致现场测量和实验室测量中心理健康值的降低速率存在差异的原因在于自然声的声信息掩蔽效应，而非活动声（该假设在本书4.2.3中得到了验证）。当交通声压级增加到58.1dB（A）时，被试者趋向于沮丧，当交通声压级增加到60.1dB（A）时，被试者趋向于焦虑。而当环境声压级增加到59.7dB（A）时，被试者趋向于沮丧和焦虑。有趣的是，实验室测量中达到良好情绪心理健康的声压级阈值与现场测量中达到良好情绪心理健康的声压级阈值并无明显差异，其差值仅为0.6dB（A）。由此可见，现场测量中的自然声和活动声对于达到良好情绪层面心理健康的声压级阈值的影响并不明显。

在声压级与认知层面的心理健康的关系方面，交通声压级每增加5.0dB（A），精力—疲惫值、集中—分心值分别降低0.290、0.370。而当环境声压级每增加5.0dB（A），精力—疲惫值、集中—分心值分别降低0.735、0.750。当交通声压级增加到52.8dB（A）时，被试者趋向于疲惫；当交通声压级增加到

54.9dB（A）时，被试者趋向于分心。而当环境声压级增加到 54.7dB（A）时，被试者趋向于分心；当环境声压级增加到 56.8dB（A）时，被试者趋向于疲惫。由此可见，对于达到集中层面的心理健康状态而言，实验室测量和现场测量的声压级阈值并无明显差异，其差值仅为 0.2dB（A）。而对于达到精力层面的心理健康状态而言，实验室测量和现场测量的声压级阈值存在 4.0dB（A）的差异。其中一个原因是，现场测量中的自然声和活动声能够增加城市公园使用者在精力—疲惫方面心理健康的容忍度。因此，与在现场测量中的结果相似，随着声压级的增加，大部分被试者首先出现消极的情绪，然后再出现消极的认知。而在认知层面的心理健康方面，实验室测量中的结果与现场测量中的结果相反。例如，随着声压级的增加，实验室中的被试者首先表现出现疲惫，然后是分心。此外，在同声压级的情况下，当声压级在 45.0～54.5dB（A）范围内时，环境声压级所对应的心理健康值均高于交通声压级所对应的心理健康值。导致这一结果的原因是环境声中的自然声对交通声的声信息掩蔽效应。

4.2　自然声差异下的声信息掩蔽效应

根据上一节交通声对心理健康的影响结果，本节探索了自然声差异下的声信息掩蔽效应。本节在考虑了自然声类型和自然声压级这两个影响声信息掩蔽效应的重要因素的前提下，分别分析了自然声类型和自然声压级差异下，自然声对交通声的声信息掩蔽效应。在此基础上，为了研究情境因素对声信息掩蔽效应的影响，本节又在实验中加入了活动声作为声音刺激。

4.2.1　自然声的类型差异

在自然声类型的影响方面，本书比较了不同类型自然声对交通声的声信息掩蔽效应，设置了对照组和 3 组加入同声压级但不同类型自然声的实验组。其中，在交通声样本中选用轮胎摩擦声，自然声样本中分别选用水流声（自然声 A）、鸟叫声（自然声 B）、虫鸣声（自然声 C）作为实验声音刺激。图 4-4 所示为对照组和实验组的心理健康均值。其中，对照组 2、实验组 2-1、实验组 2-2、实验组 2-3 分别表示 60.0dB（A）的交通声 B、60.0dB（A）的交通声 B 和 60.0dB（A）的自然声 A 组合、60.0dB（A）的交通声 B 和 60.0dB（A）的自然声 B 组合、60.0dB（A）的交通声 B 和 60.0dB（A）的自然声 C 组合。

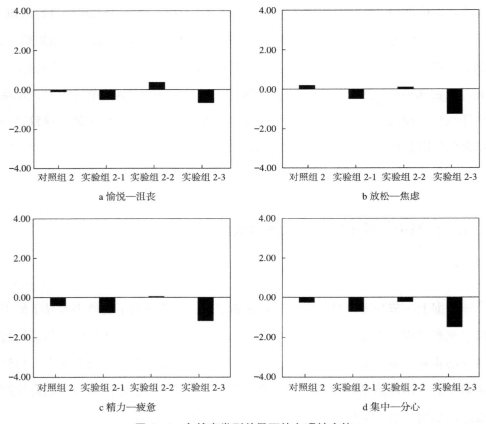

图 4-4　自然声类型差异下的心理健康值

　　在情绪层面的心理健康均值方面，方差分析的结果显示，就愉悦—沮丧均值而言，对照组 2 和实验组的心理健康均值无明显差异（P 值范围在 0.055～0.164），而实验组 2-1 和实验组 2-2 之间的均值差异（P=0.003），实验组 2-2 和实验组 2-3 之间的均值差异（P=0.001）存在显著性。就放松—焦虑均值而言，对照组 2 和实验组 2-3 之间的均值差异最显著（P=0.000），而且实验组 2-3 和其他实验组之间的均值也存在显著差异（P=0.000）。在交通声中加入同声压级的自然声 A 和自然声 C 后，心理健康均值明显降低了。其中，与对照组 2 相比，实验组 2-1 的愉悦—沮丧均值、放松—焦虑均值分别降低了 0.41、0.66。在实验组 2-3 中，愉悦—沮丧均值、放松—焦虑均值分别降低了 0.57、1.44。因此，同声压级的自然声 A 和自然声 C 对交通声并没有较为明显的声信息掩蔽效应。而与对照组相比，实验组 2-2 的愉悦—沮丧均值增加了 0.47，放松—焦虑均值仅降低了 0.10。

在认知层面的心理健康均值方面，对照组 2 和实验组 2-3 的均值存在显著差异（$P < 0.05$），而对照组 2 和其他实验组的均值差异均不显著（$P > 0.05$）。就精力—疲惫均值而言，实验组 2-1 和实验组 2-2 之间的均值（P=0.017），实验组 2-2 和实验组 2-3 之间的均值差异均存在显著性（P=0.000）。就集中—分心均值而言，实验组 2-2 和实验组 2-3 的均值也存在显著差异（P=0.003）。在交通声中加入同声压级的自然声 A 和自然声 C 后，心理健康均值明显降低了。其中，与对照组 2 相比，实验组 2-1 的精力—疲惫均值、集中—分心均值分别降低了 0.34、0.47，实验组 2-3 的精力—疲惫均值、集中—分心均值分别降低了 0.75、1.25。因此，在认知层面，同声压级的自然声 A 和自然声 C 对交通声的声信息掩蔽效应并不明显。而实验组 2-2 比对照组的精力—疲惫均值增加了 0.47，比对照组 2 的集中—分心均值增加了 0.03。因此，与自然声 A 和自然声 C 相比，自然声 B 对交通声具有一定的声信息掩蔽效应，且掩蔽效应最明显。以上结果均验证了本书在第 3 章的假设：自然声能够掩蔽交通声，从而改善被试者的心理健康，但仅有鸟叫声具备这样的作用效果，且效果并不显著。

4.2.2 自然声的声压级差异

1. 水流声压级差异下的心理健康值

为了探索自然声压级差异下的声信息掩蔽效应，本书首先分析了不同声压级的水流声对交通声的声信息掩蔽效应。在实验中，设置了对照组和 5 组实验组。首先，在对照组 3 和实验组 3-1 ~ 3-5 中均输入 60.0dB（A）的交通声 B，然后在实验组 3-1 ~ 3-5 中又分别加入了 45.0dB（A）、50.0dB（A）、55.0dB（A）、60.0dB（A）、65.0dB（A）的自然声 A。结果显示，45.0 ~ 65.0dB（A）的自然声 A 并不能掩蔽 60.0dB（A）的交通声 B（图 4-5）。

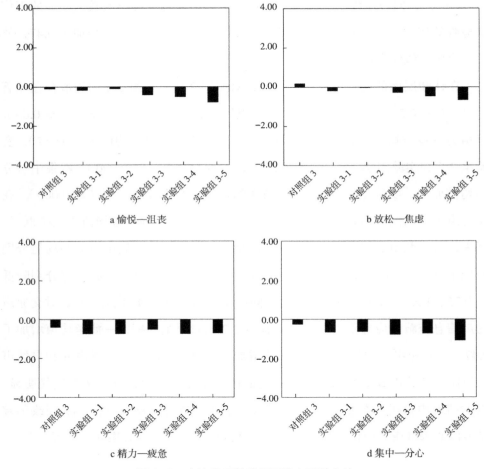

图 4-5　水流声压级差异下的心理健康值

在情绪层面的心理健康方面，就愉悦—沮丧均值而言，对照组 3 和实验组 3-5 的结果存在显著差异（P=0.005），而且实验组 3-5 和实验组 3-1 的结果（P=0.011），实验组 3-5 和实验组 3-2 的结果也存在显著差异（P=0.005）。就放松—焦虑均值而言，对照组 3 和实验组 3-4 的均值差异（P=0.038），对照组

3 和实验组 3-5 的均值差异（P=0.008），实验组 3-2 和实验组 3-5 的均值差异（P=0.048）均存在显著性。其中，实验组 3-2 的心理健康均值最高，其愉悦—沮丧均值、放松—焦虑均值分别为 −0.09、−0.03，但比对照组 3 的愉悦—沮丧均值、放松—焦虑均值分别低出 0、0.21。由此可见，在交通声中加入不同声压级的流水流声后，被试者在情绪层面的心理健康状态并没有得到明显的改善，甚至有所下降。随着自然声 A 声级的增加，被试者的心理健康状态会变得越来越差。例如，当自然声 A 声级由 45.0dB（A）增加到 65.0dB（A）时，愉悦—沮丧均值、放松—焦虑均值分别降低了 0.62、0.47。

在认知层面的心理健康方面，结果显示，就精力—疲惫均值而言，对照组和实验组的结果差异均不显著（P 值范围在 0.239 ~ 0.668），而且实验组之间的结果也无显著性差异（P 值范围在 0.453 ~ 1.000）。就集中—分心均值而言，对照组 3 和实验组 3-5 之间的均值差异存在显著性（P=0.009），但其他实验组之间的均值差异并不显著（P 值范围在 0.144 ~ 0.845）。与对照组 3 相比，实验组的认知层面的心理健康均值均较低。在实验组中，实验组 9 的精力—疲惫均值最高，为 −0.53，但比对照组 3 的均值低出 0.12。实验组 3-2 的集中—分心均值最高，达到了 −0.63，但比对照组 3 的均值低出 0.38。因此，自然声 A 无法掩蔽交通声 B 的声信息。导致这一结果的原因是自然声 A 无法掩蔽交通声 B 的中高频部分，尤其是 1000Hz 频段的声信息。根据声掩蔽效应的现场实测结果，在自然声环境中，1000Hz 频段的声压级是声频率因素中最重要的因素，而且交通声 B 在 1000Hz 频段的声压级最高。但自然声 A 在 1000Hz 频段的声压级低于交通声 B 在该频段的声压级〔当两者在同声压级的情况下，其在 1000Hz 频段的声压级差值高达 4.0dB（A）〕。还有一个可能的原因是情境因素，即声环境中是否存在活动声，或活动声是否占主导地位。所以，本书提出假设：导致自然声 A 无法掩蔽交通声 B 的原因在于情境因素。这一假设在本书 4.2.3 中得到了验证。

2. 鸟叫声压级差异下的心理健康值

为了比较不同声压级鸟叫声 B 对交通声 B 的声信息掩蔽效应。本书设置了对照组和 5 组实验组（图 4-6）。其中，对照组 4 和实验组 4-1 ~ 4-5 中均输入

60.0dB（A）的交通声 B，然后在实验组 4-1～4-5 中分别输入 45.0dB（A）、50.0dB（A）、55.0dB（A）、60.0dB（A）、65.0dB（A）的自然声 B。

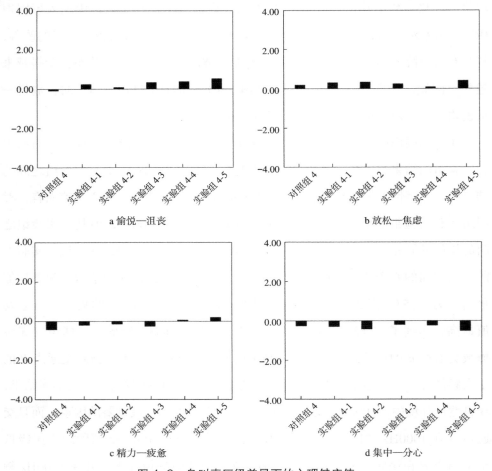

a 愉悦—沮丧   b 放松—焦虑

c 精力—疲惫   d 集中—分心

图 4-6　鸟叫声压级差异下的心理健康值

　　在情绪层面的心理健康方面，结果显示，45.0～65.0dB（A）的自然声 B 均能够掩蔽交通声 B 的声信息（就愉悦—沮丧均值而言），但仅 65.0dB（A）自然声的掩蔽效应显著（P=0.035）。60.0dB（A）的自然声 B 无法掩蔽交通声的声信息（就放松—焦虑均值而言），尽管其他自然声 B 能够掩蔽交通声的声信息，但其掩蔽效应均不显著（P 值范围在 0.506～0.849）。其中，实验组 4-5 的愉悦—沮丧均值、放松—焦虑均值均最高，其值分别为 0.53 和 0.41，比对照组的均值分别高出 0.62 和 0.22。因此，基于情绪层面的心理健康考虑，当自然声 B 的声压级比交通声 B 的声压级高出 5.0dB（A）时，自然声 B 的掩蔽效应最好。

在认知层面的心理健康方面，就精力—疲惫均值而言，45.0 ~ 65.0dB（A）的自然声 B 均能够掩蔽交通声 B 的声信息，但其掩蔽效应并不显著（P 值范围在 0.077 ~ 0.640）。就集中—分心均值而言，仅 55.0dB（A）和 60.0dB（A）的自然声 B 能够掩蔽交通声 B 的声信息，但其掩蔽效应并不显著（P 值分别为 0.877 和 0.938）。其中，实验组 4-5 的精力—疲惫均值最高，达到了 0.19，并高出对照组 4 的均值 0.60。实验组 4-3 的集中—分心均值最高，为 -0.19，并比对照组 4 的均值高出 0.06。因此，基于认知层面的心理健康考虑，自然声 B 能够掩蔽交通声 B 的声信息，但这种掩蔽效应并不显著。

4.2.3　自然声环境中的情境因素差异

声信息掩蔽效应的实验结果显示，水流声无法掩蔽交通声的声信息。多数被试者表示在无流水流声的声环境中，主观感受明显优于在有流水流声的声环境中的感受。这一结果与通过在城市开放空间中增设喷泉等水景提高声环境质量的相关研究结果明显不同[47]。其中一个原因可能是水景隔声屏障往往设置在人群相对密集的空间，而本书中城市公园的人群密度相对较低，其活动声对声环境的影响小于其他开放空间中活动声的影响，如火车站、城市广场等。此外，由城市疗愈公园声掩蔽效应的现场实测研究结果可知，在自然声环境中，活动声是促进使用者心理健康的积极声源，而在音乐声环境中，活动声比例和心理健康之间的关系并不显著。城市公园活动声对交通声的掩蔽效应尤为重要，但在现场测量中，活动声在不同情境中的掩蔽效应并未得到充分的证实。因此，本节比较了情境因素差异下的声信息掩蔽效应，即探讨了在自然声环境中，是否存在活动声的情况下和活动声是否占主导地位的情况下被试者的心理健康差异。

1. 情境因素差异下自然声类型对心理健康值的影响

本书共设置了 3 组对照组和 3 组实验组用以比较有无活动声的情况下，流水流声的声信息掩蔽效应。其中，对照组 5-1 ~ 5-3 中分别输入了 60.0dB（A）的

自然声 A 和 60.0dB（A）的交通声 B 组合，60.0dB（A）的自然声 B 和 60.0dB（A）的交通声 B 组合，60.0dB（A）的自然声 C 和 60.0dB（A）的交通声 B 组合。而实验组是分别在对照组的基础上加入了 60.0dB（A）的活动声（图 4-7）。

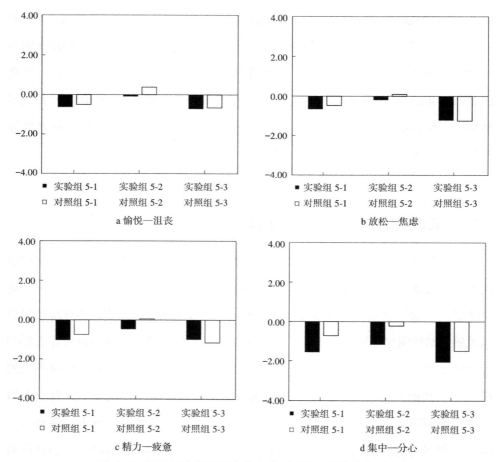

图 4-7　情境因素差异下自然声类型对心理健康值的影响

在情绪层面的心理健康方面，结果显示，与对照组相比，加入活动声后的实验组的心理健康均值有所降低。但是，对照组和实验组的心理健康均值无显著差异（P 值范围在 0.177 ～ 0.936）。因此，就情绪层面的心理健康而言，活动声对自然声的声信息掩蔽效应无显著影响。在认知层面的心理健康方面，结果显示，实验组 5-1 和实验组 5-2 的精力—疲惫均值均低于对照组 5-1 和对照组 5-2 的均值，实验组的集中—分心均值均低于对照组的均值。所以，活动声的存在并不能影响流水流声的声信息掩蔽效应，故原假设（导致自然声 A 无法掩蔽交通声 B 的原因在于自然声环境中是否存在活动声）不成立。因此，根据本实验结果和以往的研究结果可以推断，流水流声能够提高使用者对声环境的评价，但无法改善使用者的心理健康状态。

2. 情境因素差异下鸟叫声压级对心理健康值的影响

为了研究活动声在不同声压级的自然声环境中的作用效果，本书分别设置了 5 组对照组和 5 组实验组。其中，对照组 6-1 ~ 6-5 中分别输入了 45.0dB（A）的自然声 B 和 60.0dB（A）的交通声 B 的组合，50.0dB（A）的自然声 B 和 60.0dB（A）的交通声 B 的组合，55.0dB（A）的自然声 B 和 60.0dB（A）的交通声 B 的组合，60.0dB（A）的自然声 B 和 60.0dB（A）的交通声 B 的组合，65.0dB（A）的自然声 B 和 60.0dB（A）的交通声 B 的组合。实验组是在对照组的基础上均加入 60.0dB（A）的活动声（图 4-8）。

在情绪层面的心理健康方面，结果显示，一方面实验组的心理健康均值均低于对照组的均值，但对照组和实验组的均值差异并不显著（P 值范围在 0.100 ~ 0.597）。另一方面，在对照组和实验组中，自然声 B 的声压级变化均不能显著影响被试者的心理健康状态（P 值范围在 0.218 ~ 1.000）。因此，就情绪层面的心理健康而言，活动声对自然声的声信息掩蔽效应的影响不显著。

在认知层面的心理健康方面，结果显示，实验组的心理健康均值均低于对照组的均值。就精力—疲惫均值而言，在对照组和实验组中，自然声 B 的声压级变化均不能显著影响被试者的心理健康状态（P 值范围在 0.244 ~ 0.934）。实验组 6-5 和对照组 6-5 的均值差异显著（P=0.046），而其他实验组与对照组的均值差异并不显著（P 值范围在 0.157 ~ 0.405）。就集中—分心均值而言，在对照组和实验组中，自然声 B 的声压级变化均不能显著影响被试者的心理健康状态（P 值范围在 0.437 ~ 0.938）。实验组 6-3 和对照组 6-3 的均值差异（P=0.013），实验组 6-4 和对照组 6-4 的均值差异（P=0.020）均显著，而其他实验组与对照组的均值差异也不显著（P 值范围在 0.088 ~ 0.351）。因此，在自然声环境中，活动声的存在并不能改善被试者的心理健康状态，甚至能够显著降低被试者的心理健康评价。

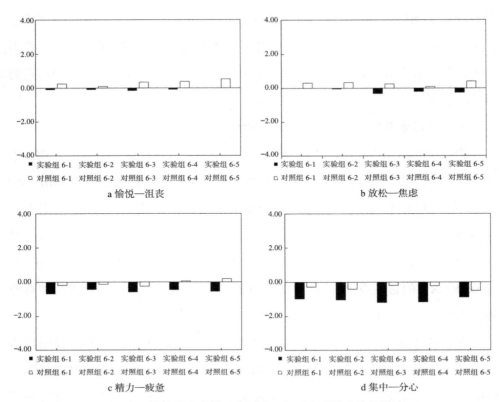

a 愉悦—沮丧　　　　　　　　　b 放松—焦虑

c 精力—疲惫　　　　　　　　　d 集中—分心

图 4-8　情境因素差异下鸟叫声压级对心理健康值的影响

3. 活动声压级差异下的心理健康值

为了研究不同声压级的活动声（活动声在声环境中是否占主导地位）是否能够影响自然声的声信息掩蔽效应，本书分别设置了对照组和 3 组实验组。其中，对照组 7 和实验组 7-1 ~ 7-3 中均存在 60.0dB（A）的自然声 B 和 60.0dB（A）的交通声 B，而实验组 7-1 ~ 7-3 中又分别加入了 65.0dB（A）、60.0dB（A）、55.0dB（A）的活动声（图 4-9）。

在情绪层面的心理健康方面，结果显示，就愉悦—沮丧均值而言，实验组的均值均低于对照组的均值，但对照组和实验组的均值差异均不显著（P 值范围在 0.210 ~ 0.503）。就放松—焦虑均值而言，实验组 7-1 和实验组 7-3 的均值均高于对照组的均值，而实验组 7-2 的均值低于对照组的均值，但对照组和实验组之间的均值差异也不显著（P 值范围在 0.494 ~ 0.704）。因此，就情绪层面的心理健康而言，活动声的声压级对自然声的声信息掩蔽效应无显著影响。

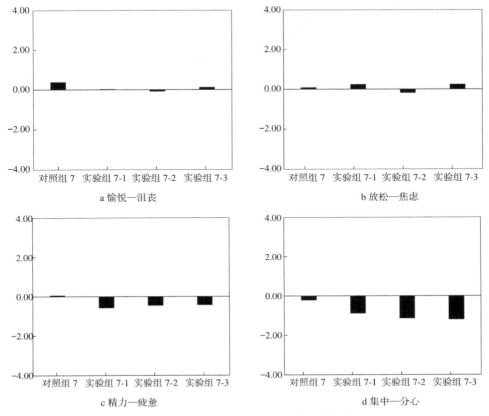

图 4-9　活动声压级差异下的心理健康值

在认知层面的心理健康方面，结果显示，实验组的心理健康均值均低于对照组的均值，就精力—疲惫均值而言，对照组和实验组之间的均值差异并不显著（P 值范围在 0.094 ~ 0.200）。就集中—分心均值而言，实验组 7-2 和对照组之间的均值差异（P=0.019），实验组 7-3 和对照组之间的均值差异（P=0.013）均显著。因此，在自然声环境中，活动声是否占主导地位无法影响自然声的声信息掩蔽效应，调控活动声压级并不会改善被试者的心理健康状态，在自然声环境中加入活动声甚至会降低被试者的心理健康评价。

4.3 音乐声差异下的声信息掩蔽效应

根据本书 4.1 的研究结果，本节继续探索音乐声差异下的声信息掩蔽效应。本节在考虑了影响声信息掩蔽效应的两个重要因素（音乐声类型和音乐声压级）的前提下，分别分析了音乐声类型和音乐声压级差异下，音乐声对交通声的声信息掩蔽效应。在此基础上，为了研究情境因素对声信息掩蔽效应的影响，本节也在实验中加入了活动声作为声音刺激。

4.3.1 音乐声的类型差异

本书比较了不同类型音乐声对交通声的声信息掩蔽效应，在声信息掩蔽实验中设置了对照组和 3 组加入同声压级但不同类型音乐声的实验组。实验中的交通声依然选用轮胎摩擦声，音乐声分别选自同一首曲目的吉他类乐器声（音乐声 A）、人歌唱声（音乐声 B）、萨克斯类乐器声（音乐声 C）。图 4-10 所示为对照组 8 和实验组 8-1 ~ 8-3 所对应的心理健康均值。其中，对照组 8、实验组 8-1、实验组 8-2、实验组 8-3 分别表示 60.0dB（A）的交通声 B，60.0dB（A）的交通声 B 和 60.0dB（A）的音乐声 A 组合，60.0dB（A）的交通声 B 和 60.0dB（A）的音乐声 B 组合，60.0dB（A）的交通声 B 和 60.0dB（A）的音乐声 C 组合。

方差分析的结果显示，对照组和实验组的心理健康均值存在显著差异（P 值范围在 0.000 ~ 0.024），而实验组之间的心理健康均值差异并不显著（P 值范围在 0.174 ~ 1.000）。在情绪层面的心理健康均值方面，与对照组的均值相比，实验组 8-1 的愉悦—沮丧均值、放松—焦虑均值分别增加了 1.90、1.65，实验组 8-2 的愉悦—沮丧均值、放松—焦虑均值分别增加了 1.43 和 1.44，实验组 8-3 的愉悦—沮丧均值、放松—焦虑均值分别增加了 1.59 和 1.65。因此，音乐

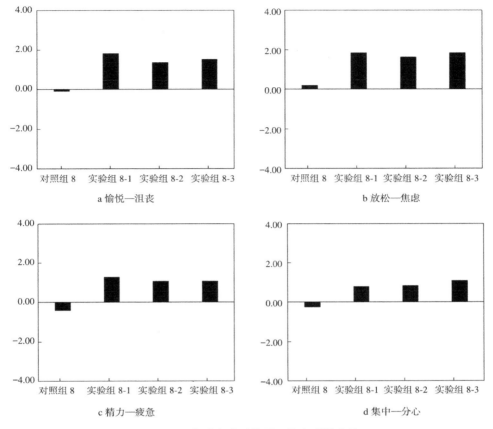

图 4-10　音乐声类型差异下的心理健康值

声 A、音乐声 B、音乐声 C 均对交通声有较为明显的声信息掩蔽效应（就情绪层面的心理健康均值而言），同时，音乐声类型并不能显著影响声信息掩蔽效应（P=0.000）。

就认知层面的心理健康均值而言，在交通声中加入同声压级的音乐声 A、音乐声 B、音乐声 C 后，被试者的心理健康得到了显著的改善（P=0.000）。其中，与对照组相比，实验组 8-1 的精力—疲惫均值、集中—分心均值分别增加了 1.69 和 1.03，实验组 8-2 的精力—疲惫均值、集中—分心均值分别增加了 1.47、1.09，实验组 8-3 的精力—疲惫均值、集中—分心均值分别增加了 1.47 和 1.34。因此，本实验中所选取的音乐声均能够明显掩蔽交通声的声信息，且其声信息掩蔽效应之间无显著差异。

4.3.2 音乐声的声压级差异

1. 吉他声压级差异下的心理健康值

在不同声压级的音乐声对交通声的声信息掩蔽效应方面，分析了不同声压级吉他声对交通声的声信息掩蔽效应。在实验中，本书设置了对照组和 5 组实验组。在对照组 9 和实验组 9-1 ~ 9-5 中输入了 60.0dB（A）的交通声 B，然后在实验组 9-1 ~ 9-5 中分别输入了 45.0dB（A）、50.0dB（A）、55.0dB（A）、60.0dB（A）、65.0dB（A）的音乐声 A（图 4-11）。

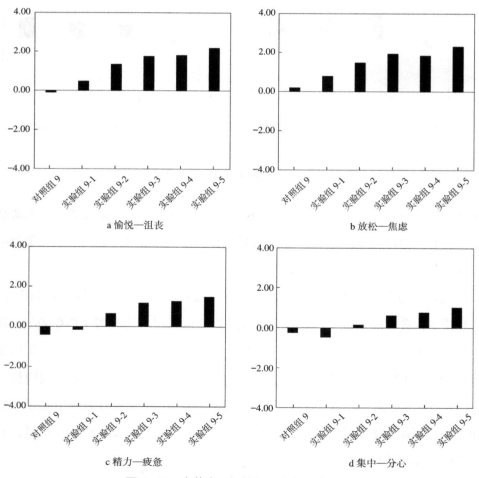

a 愉悦—沮丧

b 放松—焦虑

c 精力—疲惫

d 集中—分心

图 4-11　吉他声压级差异下的心理健康值

在情绪层面的心理健康方面，结果显示，45.0 ~ 65.0dB（A）的音乐声 *A* 均能够掩蔽交通声 *B* 的声信息，但其掩蔽效应仅在 50.0 ~ 65.0dB（A）的音乐声 *A* 中显著（*P*=0.000）。就愉悦—沮丧均值而言，实验组 9-5 的均值最高，达到了 2.19，比对照组 9 的均值高出了 2.28。就放松—焦虑均值而言，实验组 9-5 的均值也是最高的，为 2.31，比对照组 9 的均值高出了 2.12。因此，在交通声环境中输入比其声压级小 10.0dB（A）的音乐声 *A* 后，能够有效改善使用者的心理健康状态。当音乐声 *A* 的声压级比交通声 *B* 的声压级高出 5.0dB（A）时，其对交通声 *B* 的掩蔽效应最好，而且其掩蔽效应显著。

在认知层面的心理健康方面，结果显示，就精力—疲惫均值而言，45.0 ~ 65.0dB（A）的音乐声 *A* 均能够掩蔽交通声 *B* 的声信息，但其掩蔽效应仅在 50.0 ~ 65.0dB（A）的音乐声 *A* 中显著（*P* 值范围在 0.000 ~ 0.004）。就集中—分心均值而言，50.0 ~ 65.0dB（A）的音乐声 *A* 能够掩蔽交通声 *B* 的声信息，但其掩蔽效应仅在 55.0 ~ 65.0dB（A）的音乐声 *A* 中显著（*P* 值范围在 0.002 ~ 0.032）。其中，实验组 9-5 的精力—疲惫均值、集中—分心均值均最高，其值分别为 1.50 和 1.03，并比对照组 9 的均值分别高出 1.91 和 1.28。因此，在以交通声环境中输入比其声压级小 10.0dB（A）的音乐声 *A* 后，能够有效改善使用者的心理健康状态（就精力—疲惫均值而言）。在交通声环境中输入比其声压级小 5.0dB（A）的音乐声 *A* 后，能够显著改善使用者的心理健康状态（就集中—分心均值而言）。当音乐声 *A* 的声压级比交通声 *B* 的声压级高出 5.0dB（A）时，其对交通声 *B* 的掩蔽效应最好，而且其掩蔽效应显著。

2. 人歌唱声压级差异下的心理健康值

为了比较乐器类音乐声和人声类音乐声的声信息掩蔽效应，本书探索了不同声压级的音乐声 *B* 对交通声 *B* 的声信息掩蔽效应。本书设置了对照组和 5 组实验组。其中，对照组 10 和实验组 10-1 ~ 10-5 中均有 60.0dB（A）的交通声 *B*，而实验组 10-1 ~ 10-5 中分别有 45.0dB（A）、50.0dB（A）、55.0dB（A）、60.0dB（A）、65.0dB（A）的音乐声 *B*（图 4-12）。

在情绪层面的心理健康方面，结果显示，45.0 ~ 65.0dB（A）的音乐声 *B* 均能够掩蔽交通声 *B* 的声信息，但其掩蔽效应仅在 55.0 ~ 65.0dB（A）的音

乐声 B 中显著（P 值范围在 0.000 ~ 0.021）。就愉悦—沮丧均值而言，55.0 ~ 60.0dB（A）、65.0dB（A）的音乐声 B 能够分别对 60.0dB（A）的交通声 B 掩蔽 1.12、1.43、1.68 单位的声信息。就放松—焦虑均值而言，55.0dB（A）、60.0dB（A）、65.0dB（A）的音乐声 B 能够分别对 60.0dB（A）的交通声 B 掩蔽 1.18、1.72、1.84 单位的声信息。因此，在声环境设计和优化中，利用比交通声压级小 5.0dB（A）的音乐声 B 能够有效改善使用者的心理健康状态，音乐声 B 的声压级越大，这种改善效果就越明显。

在认知层面的心理健康方面，结果显示，就精力—疲惫均值而言，50.0 ~ 65.0dB（A）的音乐声 B 均能够掩蔽交通声 B 的声信息，但其掩蔽效应仅在

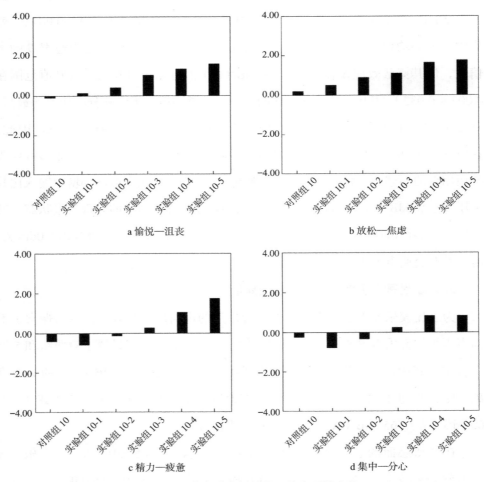

图 4-12　人歌唱声压级差异下的心理健康值

60.0 ~ 65.0dB（A）的音乐声 B 中显著（P=0.000）。其中，60.0dB（A）和 65.0dB（A）的音乐声 B 能够分别对 60.0dB（A）的交通声 B 掩蔽 1.47 和 2.16 单位的声信息。就集中—分心均值而言，55.0 ~ 65.0dB（A）的音乐声 B 均能够掩蔽交通声 B 的声信息，但其掩蔽效应仅在 60.0 ~ 65.0dB（A）的音乐声 B 中显著（P=0.016）。其中，60.0dB（A）和 65.0dB（A）的音乐声 B 的掩蔽效应相同，均能够对 60.0dB（A）的交通声 B 掩蔽 1.09 单位的声信息。因此，在声环境设计和优化中，利用声压级大于或等于交通声压级的音乐声 B，能够有效改善使用者的心理健康状态，音乐声 B 的声压级越大，其改善效果就越明显。

4.3.3 音乐声环境中的情境因素差异

1. 情境因素差异下音乐声类型对心理健康的影响

为了探索音乐声环境中情境因素的作用效果，本书分别设置了 3 组对照组和 3 组实验组。其中，对照组 11-1 ~ 11-3 分别表示 60.0dB（A）的音乐声 A 和 60.0dB（A）交通声 B 组合，60.0dB（A）的音乐声 B 和 60.0dB（A）的交通声 B 组合，60.0dB（A）的音乐声 C 和 60.0dB（A）的交通声 B 组合。然后在其基础上分别输入 60.0dB（A）的活动声即为实验组（图 4-13）。

在情绪层面的心理健康方面，结果显示，尽管实验组 11-3 的愉悦—沮丧均值略高于对照组 11-3 的均值，实验组 11-2 的放松—焦虑均值略高于对照组 11-2 的均值，但是所有对照组的均值和实验组的均值均无显著性差异（P 值范围在 0.492 ~ 0.932）。因此，就情绪层面的心理健康而言，活动声对音乐声的掩蔽效应无显著影响。

在认知层面的心理健康方面，结果显示，在加入活动声后，被试者的心理健康均值均存在一定程度的降低，但这种降低程度并不显著（P 值范围在 0.231 ~ 0.894）。因此，在以音乐声为特征的声环境中，是否存在活动声并不会影响使用者的心理健康状态。

2. 情境因素差异下吉他声压级对心理健康值的影响

为了解释第 3 章声景掩蔽因素的识别研究中，音乐声环境的声压级与心理

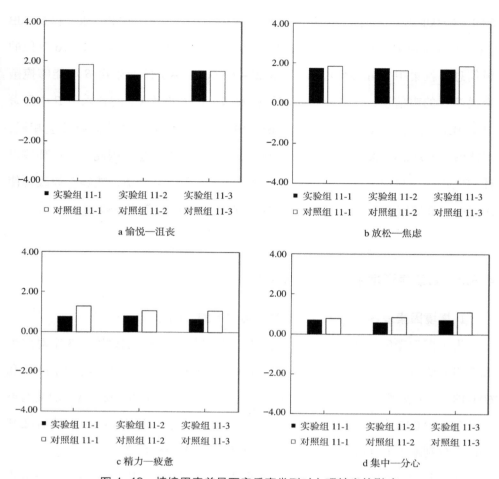

图 4-13　情境因素差异下音乐声类型对心理健康的影响

健康不相关的原因，本书分别设置了 5 组对照组和 5 组实验组。其中，对照组 12 分别表示 45.0dB（A）的音乐声 A 与 60.0dB（A）的交通声 B 的组合，50.0dB（A）的音乐声 A 与 60.0dB（A）的交通声 B 的组合，55.0dB（A）的音乐声 A 与 60.0dB（A）的交通声 B 的组合，60.0dB（A）的音乐声 A 与 60.0dB（A）的交通声 B 的组合，60.0dB（A）的音乐声 A 与 60.0dB（A）的交通声 B 的组合。实验组则是在对照组的基础上分别输入了 60.0dB（A）的活动声（图 4-14）。

在情绪层面的心理健康方面，结果显示，就愉悦—沮丧均值而言，在对照组和实验组中，音乐声 A 的声压级变化能够显著影响被试者的心理健康状态（P 值范围在 0.000 ~ 0.020）。实验组的愉悦—沮丧均值均低于对照组的均值，而且对照组 12-3 和实验组 12-3 的均值差异显著（P=0.032）。就放松—焦虑均值而言，在对照组和实验组中，音乐声 A 的声压级变化能够显著影响被试者的心理健康状态（P 值范围在 0.000 ~ 0.029）。实验组的放松—焦虑均值均低于对照组的均值，但两者间的差异并不显著（P 值范围在 0.129 ~ 0.800）。因此，就情绪层面的心理健康而言，活动声的加入并不会明显影响音乐声的声信息掩蔽效应，而且活动声的存在并不会显著影响使用者的心理健康状态。

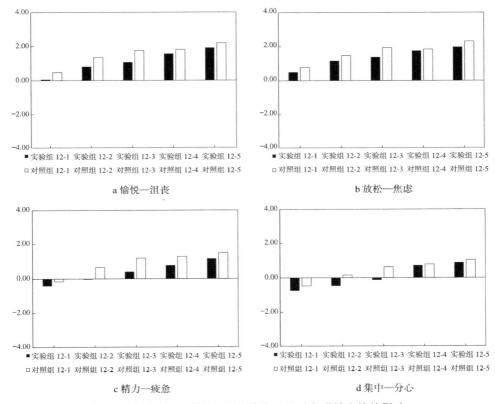

图 4-14 情境因素差异下吉他声压级对心理健康值的影响

在认知层面的心理健康方面，结果显示，就精力—疲惫均值而言，在对照组和实验组中，音乐声 A 的声压级变化能够显著影响被试者的心理健康状态（P 值范围在 0.000 ~ 0.047）。实验组中精力—疲惫均值均低于对照组中的均值，而且对照组 12-3 和实验组 12-3 的均值差异显著（P=0.039）。就集中—分心均值而言，在对照组和实验组中，音乐声 A 的声压级变化能够显著影响被试者的心理健康状态（ P 值范围在 0.000 ～ 0.034）。实验组中集中—分心均值均低于对照组中的均值，但对照组和实验组的均值并不显著（ P 值范围在 0.059 ～ 0.875）。因此，是否存在活动声并不会显著影响使用者的心理健康，以及音乐声的声信息掩蔽效应。由此可见，第 3 章中音乐声环境的声压级与心理健康不显著的原因并不是活动声导致的。

3. 活动声压级差异下的心理健康值

为了研究不同声压级的活动声是否能够影响音乐声的声信息掩蔽效应，本书分别设置了对照组和 3 组实验组。其中，对照组和实验组中均存在 60.0dB（A）的音乐声 A 和 60.0dB（A）的交通声 B ，而实验组 12-1 ～ 12-3 又分别加入了 65.0dB（A）、60.0dB（A）、55.0dB（A）的活动声（图 4-15）。

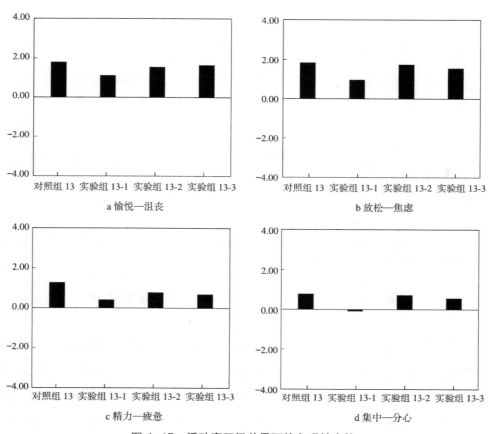

图 4-15　活动声压级差异下的心理健康值

在情绪层面的心理健康方面，结果显示，对照组的心理健康均值均高于实验组的均值。其中，对照组 13 和实验组 13-1 之间的均值差异最显著（P 值为 0.013 和 0.030）。因此，就情绪层面的心理健康而言，活动声并不能改善使用者的心理健康状态，当活动声的声压级超过交通声和音乐声的声压级时，音乐声的声信息掩蔽效应明显变差。

在认知层面的心理健康方面，结果显示，对照组的心理健康均值均高于实验组的均值。其中，对照组 13 和实验组 13-2 之间的均值差异（P 值为 0.201 和 0.883），对照组 13 和实验组 13-3 之间的均值差异（P 值为 0.130 和 0.606）均不显著，而实验组 13-1 的均值显著低于对照组 13 的均值（P 值为 0.026 和 0.041）。因此，在音乐声环境中，当活动声压级超过交通声压级和音乐声压级时，活动声会对音乐声的声信息掩蔽效应产生抑制作用。

4.4 本章小结

本章应用声信息掩蔽的实验室测量法，首先给出了交通声类型和交通声声压级对心理健康的影响，然后分别计算了自然声和音乐声对交通声的声信息掩蔽效应。在实验过程中，本章充分考虑了使用者的社会特征、声感知、心理健康，问卷的信度、效度，实验方案的严谨性、可实施性。在计算过程中，本章分析了声源类型差异和声源声压级差异，并在此基础上解释了情境因素对声信息掩蔽效应的影响。

交通声类型对情绪层面和认知层面的心理健康影响显著。在交通声声压级的影响方面，随着声压级的增加，心理健康值呈现下降趋势。其中，轮胎摩擦声的声压级每增加 5.0dB（A），情绪层面和认知层面的心理健康均值分别降低 0.433 和 0.330。满足使用者达到良好情绪层面和认知层面心理健康状态的要求分别是将交通声压级控制在 58.1dB（A）以下和控制在 52.8dB（A）以下。

自然声类型能够影响声信息掩蔽效应。其中，水流声无法掩蔽交通声的声能量，而鸟叫声可以掩蔽同声压级的交通声，但这种掩蔽效应并不显著。当鸟叫声压级比交通声压级高出 5.0dB（A）时，其掩蔽效应最好。在自然声环境中，是否存在活动声对自然声的声信息掩蔽效应无明显影响。

音乐声类型不能影响声信息掩蔽效应，但音乐声对交通声具有显著的声信息掩蔽效应。其中，55.0 ~ 65.0dB（A）的乐器类音乐声均能显著掩蔽 60.0dB（A）交通声的声信息。而当人声类音乐声压级大于或等于交通声压级时，人声类音乐声的声信息掩蔽效应才会显著。在音乐声环境中，与环境声同声压级的活动声不会对声信息掩蔽效应产生显著影响，而当活动声压级高于环境声压级时，活动声会对声信息掩蔽效应产生抑制作用。

第 5 章
城市疗愈公园声掩蔽效应的
模拟辅助分析

本章主要探索了城市疗愈公园声能量掩蔽效应。

· 本章首先分析了影响城市公园景观声能量掩蔽效应的景观因素，然后建立了景观参数与景观声能量掩蔽效应之间的关系。

· 在此基础上，根据第 4 章交通声与心理健康的关系研究，本章对城市公园声环境进行了基于心理健康的设计和优化。

· 在影响声能量掩蔽效应的景观因素识别方面，本章分别探讨了刚性坡面景观、刚性梯面景观、柔性水平景观和柔性垂直景观的景观因素。

· 在建立景观参数与景观声能量掩蔽效应之间的关系过程中，本章分别分析了刚性景观参数和柔性景观参数与景观声能量掩蔽效应之间的关系。

5.1 景观掩蔽因素的现场识别

本节通过声能量掩蔽效应的现场测量，识别了影响城市公园景观声能量掩蔽效应的景观因素。所选典型城市公园景观包括刚性坡面景观、刚性梯面景观、柔性水平景观、柔性垂直景观。能够反映声能量掩蔽效应的指标包括：声压级的差值、声频率的差值、心理声学参数的差值，其值越大表明该景观的声能量掩蔽效应越好。本节对于声能量掩蔽效应的现场研究不但为景观参数的模拟验证提供了依据，而且也为景观参数的模拟实验指明了方向。

5.1.1 刚性坡面景观中的因素识别

1. 声压级方面的掩蔽效应

在景观标号为 G_1-1 ~ G_1-3 的刚性坡面景观中，随着距离声源的距离增加，声压级并未明显衰减，甚至有所增加（表 5-1）。其原因可能是坡面对声能量的反射，或接收点高度的增加。而在标号为 G_1-4 ~ G_1-6 的景观中，声压级的衰减程度有所增加。其原因可能是接收点高度并未增加，或由于景观 G_1 的隔声作用。

标号为 G_1-4 ~ G_1-6 的景观的声能量掩蔽效应具有明显优势。其中，在 L_{Aeq} 的掩蔽效应方面，该处景观的平均掩蔽效应值达到了 3.4dB（A），高出景观 G_1-1 ~ G_1-3 的均值 3.7dB（A）。在 L_{90} 的掩蔽效应方面，景观 G_1-4 ~ G_1-5 的掩蔽效应均值均高于景观 G_1-1 ~ G_1-3 的均值。其中，景观 G_1-5 的掩蔽效应值最高，达到了 5.7dB（A）。在 L_{50} 的掩蔽效应方面，景观 G_1-4 ~ G_1-6 的掩蔽效应依然较为明显，其平均值高出景观 G_1-1 ~ G_1-3 的平均值 3.5dB（A）。在 L_{10} 的掩蔽效应方面，景观 G_1-5 的掩蔽效应值依然最高，为 2.9dB（A）。在景观 G_1-1 ~ G_1-3 中，随着景观构造高度的增加，L_{Aeq} 和 L_{90} 的掩蔽效应值均降低，L_{50} 和 L_{10} 的掩蔽效应值则呈现出先降低再升高的变化趋势。

刚性坡面景观 G_1 在声压级方面的掩蔽效应值 单位：dB（A） 表 5-1

声压级	G_1-1	G_1-2	G_1-3	G_1-4	G_1-5	G_1-6
L_{Aeq}	−0.1	−0.1	−0.6	2.5	5.3	2.4
L_{90}	0.2	0.2	−0.8	3.3	5.7	2.4
L_{50}	−0.2	−1.1	0.8	1.8	4.7	3.5
L_{10}	−0.9	0.4	−0.4	0.3	2.9	1.5

比较刚性坡面景观 G_1 和 G_2 的掩蔽效应值可以发现，景观标号为 G_2-1 ~ G_2-3 的景观的掩蔽效应优于景观 G_1-1 ~ G_1-3 的掩蔽效应。其原因可能是景观 G_2 的坡度低于景观 G_1 的坡度，坡度越低对掩蔽效应越有利。还有一个原因可能是高度越高对掩蔽效应越不利。在 L_{Aeq} 的掩蔽效应方面，景观 G_2-1 ~ G_2-3 的掩蔽效应均值高出景观 G_1-1 ~ G_1-3 的均值 0.9dB（A）（表 5-2）。在 L_{90} 的掩蔽效应方面，景观 G_2-1 ~ G_2-3 的掩蔽效应均值也高于景观 G_1-1 ~ G_1-3 的均值，并高出 1.2dB（A）。在 L_{50} 的掩蔽效应方面，前者依然比后者高出 1.3dB（A）。在 L_{10} 的掩蔽效应方面，两者的差异达到了 1.0dB（A）。综上结果所示，在刚性坡面景观中，影响声能量掩蔽效应的潜在景观因素分别是景观构造坡度和景观构造高度。

刚性坡面景观 G_2 在声压级方面的掩蔽效应值 单位：dB（A） 表 5-2

声压级	G_2-1	G_2-2	G_2-3	G_2-4	G_2-5	G_2-6
L_{Aeq}	2.1	0	1.2	3.4	0.5	0.2
L_{90}	2.1	−0.2	1.6	3.8	0	0
L_{50}	2.2	−0.6	1.4	3.2	0.8	0.3
L_{10}	2.2	0.2	−0.1	2.3	0.9	0.3

2. 声频率方面的掩蔽效应

在低频声压级（63Hz 和 125Hz）的掩蔽效应方面，景观 G_1-4 ~ G_1-6 的掩蔽效应优于 G_1-1 ~ G_1-3 的掩蔽效应（表 5-3），两者之间的均值差异达到了 1.3dB（A）。其中，景观 G_1-4 对 63Hz 频率声压级的掩蔽效应均值最高，为 3.5dB（A），

景观 G_1-1 对 125Hz 频率声压级的掩蔽效应均值最高，为 3.2dB（A）。在中频声压级（250Hz 和 500Hz）的掩蔽效应方面，景观 G_1-4 ~ G_1-6 的掩蔽效应依然优于 G_1-1 ~ G_1-3 的掩蔽效应，其掩蔽效应均值差异达到了 2.2dB（A）。其中，景观 G_1-1 对 250Hz 频率声压级的掩蔽效应最好，景观 G_1-5 对 500Hz 频率声压级的掩蔽效应最好，两者的掩蔽效应均值分别高达 6.1dB（A）和 5.1dB（A）。在对高频声压级（1000Hz 和 2000Hz）的掩蔽效应方面，与景观 G_1-4 ~ G_1-6 的掩蔽效应相比，景观 G_1-1 ~ G_1-3 的掩蔽效应较差，其均值仅为 −0.4dB（A）。其中，景观 G_1-5 对 1000Hz 频率声压级和 2000Hz 频率声压级的掩蔽效应均最好，其值分别达到了 6.1dB（A）和 6.3dB（A）。在景观 G_1-1 ~ G_1-3 中，随着景观构造高度的增加，低频声压级和中频声压级的掩蔽效应值均呈现先降低再升高的变化趋势，而 1000Hz 频率声压级的掩蔽效应值呈现出持续降低的趋势，2000Hz 频率声压级的掩蔽效应值则呈现持续升高的趋势。

刚性坡面景观 G_1 在声频率方面的掩蔽效应值　单位：dB（A）　　表 5-3

声频率	G_1-1	G_1-2	G_1-3	G_1-4	G_1-5	G_1-6
63Hz	2.9	−0.3	−0.2	3.5	2.1	0.9
125Hz	3.2	−2.7	1.9	1.3	2.8	1.8
250Hz	6.1	−0.4	0.4	5.6	2.1	0.8
500Hz	0.8	0.6	−0.9	4.0	5.1	2.4
1000Hz	0	0.2	−0.4	2.6	6.1	3.2
2000Hz	−1.9	−0.2	−0.1	−0.4	6.3	3.1

在刚性坡面景观 G_2 对交通声的声频率掩蔽效应方面，就对低频声压级和高频声压级的掩蔽效应而言，景观 G_2-1 ~ G_2-3 的掩蔽效应优于景观 G_1-1 ~ G_1-3 的掩蔽效应（表 5-4）。其中，前者对 63Hz 和 125Hz 频率声压级的掩蔽效应均值比后者的掩蔽效应均值分别高出 0.6dB（A）和 0.3dB（A），前者对 1000Hz 和 2000Hz 频率声压级的掩蔽效应均值分别高出后者的均值 1.5dB（A）和 0.9dB（A）。而后者对 250Hz 频率声压级的掩蔽效应优于前者的掩蔽效应，两者的掩蔽效应均值差值为 0.9dB（A）。就对 500Hz 频率声压级的掩蔽效应而言，景观

G_2-1 ~ G_2-3 的掩蔽效应优势依然明显，其掩蔽效应均值比景观 G_1-1 ~ G_1-3 的均值高出 1.7dB（A）。因此，较低坡度的景观或较低高度的景观对交通声的声能量掩蔽效应具有一定的优势，但这种优势仅在低频声和高频声中明显。

刚性坡面景观 G_2 在声频率方面的掩蔽效应值　单位：dB（A）　表 5-4

声频率	G_2-1	G_2-2	G_2-3	G_2-4	G_2-5	G_2-6
63Hz	4.1	−0.5	0.5	1.7	0.3	0.1
125Hz	3.2	0	0	2.0	−1.1	−0.2
250Hz	5.4	0	−2.1	2.0	−1.0	−0.2
500Hz	2.3	2.2	1.3	1.2	2.8	0.2
1000Hz	2.3	−0.9	2.9	4.4	2.3	0.3
2000Hz	0.5	−0.2	0.4	5.2	1.1	0.4

3. 心理声学方面的掩蔽效应

景观 G_1-4 ~ G_1-6 在心理声学方面的掩蔽效应优于景观 G_1-1 ~ G_1-3 的掩蔽效应（表 5-5），但景观间的掩蔽效应差异并不明显。其中，在响度的掩蔽效应方面，前者的掩蔽效应均值比后者的均值高出 1.47sone。在粗糙度的掩蔽效应方面，前者的掩蔽效应均值高出后者的均值 0.34asper。在尖锐度的掩蔽效应方面，前者的掩蔽效应均值仅比后者的均值高出 0.01acum。前者在波动强度方面的掩蔽效应均值比后者的均值高出 0.54×10^{-3}vacil。在景观 G_1-1 ~ G_1-3 中，随着景观构造坡度和景观构造高度的变化，响度和波动强度的掩蔽效应值均呈现先降低再升高的趋势，而尖锐度的掩蔽效应值的变化趋势与之相反，粗糙度的

刚性坡面景观 G_1 在心理声学方面的掩蔽效应值　表 5-5

心理声学指标	G_1-1	G_1-2	G_1-3	G_1-4	G_1-5	G_1-6
响度（sone）	0.05	−0.14	−0.06	1.14	2.04	1.08
粗糙度（asper）	−0.03	−0.03	−0.03	0.06	0.44	0.42
尖锐度（acum）	−0.27	0.08	0.01	−0.10	0.07	−0.12
波动强度（vacil）	0.69*	−0.43*	−0.1*	0.28*	0.83*	0.65*

注：* 表示波动强度数值 $\times 10^{-3}$。

掩蔽效应值则未出现变化。

在刚性坡面景观 G_2 对交通声的掩蔽效应方面,与景观 G_1-1 ~ G_1-3 的掩蔽效应相比,景观 G_2-1 ~ G_2-3 的掩蔽效应更具优势(表 5-6),但这种优势并不明显。其中,就响度的掩蔽效应而言,后者的掩蔽效应均值比前者的均值高出 0.60sone。就粗糙度的掩蔽效应而言,后者的掩蔽效应均值比前者的均值仅高出 0.08asper。而就尖锐度的掩蔽效应而言,两者的均值无明显差异。后者在波动强度方面的掩蔽效应均值比前者的均值低 0.38×10^{-3}vacil。根据声环境因素的权重分析结果可知,在音乐声环境中,粗糙度是影响使用者心理健康的关键因素。所以,在音乐声环境中,坡度较低或高度较低的景观的声能量掩蔽效应具有可观的优势。

综合以上结果,在刚性坡面景观中,景观构造坡度和景观构造高度均是影响声能量掩蔽效应的潜在因素,但两者是否都能影响掩蔽效应以及两者的影响程度均未给出。这是因为现场多因素的影响,很难把控变量。因此,上述问题将在景观参数的模拟实验中得到解决。

刚性坡面景观 G_2 在心理声学方面的掩蔽效应值　　　　表 5-6

心理声学指标	G_2-1	G_2-2	G_2-3	G_2-4	G_2-5	G_2-6
响度（sone）	1.35	−0.11	0.44	1.46	0.50	0.20
粗糙度（asper）	0.14	0.01	0.01	0.18	0.10	0.07
尖锐度（acum）	−0.20	0.19	−0.17	0.07	0.10	0.10
波动强度（vacil）	−0.31*	7.49*	−8.16*	1.18*	1.00*	0.10*

注:* 表示波动强度数值 $\times 10^{-3}$。

5.1.2　刚性梯面景观中的因素识别

1. 声压级方面的掩蔽效应

在上升式的刚性梯面景观中(景观 G_3 ~ G_5),景观 G_4-1 在声压级方面的掩蔽效应均优于景观 G_3-1 和景观 G_5-1 的掩蔽效应(表 5-7)。其中,景观 G_4-1 在 L_{Aeq} 的掩蔽效应值分别比 G_3-1 和 G_5-1 的掩蔽效应值高出 2.5dB(A)和 1.6dB

（A），在 L_{90} 的掩蔽效应值分别高出 2.9dB（A）和 4.0dB（A），在 L_{50} 的掩蔽效应值分别高出 2.3dB（A）和 1.3dB（A），在 L_{10} 的掩蔽效应值分别高出 0.3dB（A）和 0.6dB（A）。导致景观 G_3-1 和景观 G_4-1 的掩蔽效应差异的原因可能是景观 G_4-1 的高度低于景观 G_3-1 的高度；而景观 G_5-1 的掩蔽效应区别于这两个景观的掩蔽效应的原因可能是由景观的材质类型和景观的结构形式所导致的。景观 G_3-2、G_4-2、G_5-2 的掩蔽效应分别差于景观 G_3-1、G_4-1、G_5-1 的掩蔽效应，导致这一结果的原因是景观的构造形式。例如，与景观 G_3-2 相比，景观 G_3-1 在垂直方向上能够反射更多的交通声能量。景观 G_3-2 的掩蔽效应明显优于景观 G_4-2 的掩蔽效应，两者的差异在于景观构造高度的不同，但景观构造高度的作用效果明显区别于在景观 G_3-1 和景观 G_4-1 中的作用效果。因此，在刚性梯面景观中，除了景观构造形式和景观材质类型这两个潜在影响声能量掩蔽效应的景观因素外，景观构造高度的影响依然无法忽视。

刚性梯面景观 G_3、G_4、G_5 在声压级方面的掩蔽效应值　单位：dB（A）　表 5-7

声压级	G_3-1	G_3-2	G_4-1	G_4-2	G_5-1	G_5-2
L_{Aeq}	2.3	1.9	4.8	1.1	3.2	1.0
L_{90}	2.1	1.7	5.0	1.0	2.7	1.0
L_{50}	2.3	2.7	4.6	0.6	3.3	0.7
L_{10}	3.5	3.3	3.8	−0.1	3.2	0.9

下降式刚性梯面景观（景观 G_6、G_7）的掩蔽效应明显优于景观 G_3 ~ G_5 的掩蔽效应（表 5-8）。例如，景观 G_6-1 在 L_{Aeq} 的掩蔽效应值分别比 G_3-1、G_4-1、G_5-1 的掩蔽效应值高出 5.2dB（A）、2.7dB（A）、4.3dB（A），在 L_{90} 的掩蔽效应值分别高出 9.3dB（A）、6.4dB（A）、8.7dB（A），在 L_{50} 的掩蔽效应值分别高出 7.9dB（A）、5.6dB（A）、6.9dB（A），在 L_{10} 的掩蔽效应值分别高出 4.8dB（A）、4.5dB（A）、5.1dB（A）。导致其掩蔽效应差异的原因是景观 G_6 和 G_7 的构造形式为向低于交通声源高度的方向延伸，而景观 G_3 ~ G_5 的构造形式与之相反，而这一构造差异导致了景观 G_6 和 G_7 在隔声方面更具优势，故能够反射更多的交通声能量。在下降式的刚性梯面景观中，景观 G_6-1 和 G_7-1 的掩

蔽效应分别优于景观 G_6-2 和 G_7-2 的掩蔽效应。导致这一结果的原因也是景观的构造形式差异。例如，与景观 G_6-2 相比，景观 G_6-1 在垂直方向上能够反射更多的交通声能量。

刚性梯面景观 G_6、G_7 在声压级方面的掩蔽效应值　单位：dB（A）　表 5-8

声压级（dB（A））	G_6-1	G_6-2	G_6-3	G_7-1	G_7-2	G_7-3
L_{Aeq}	7.5	2.2	7.1	9.0	2.4	1.8
L_{90}	11.4	1.9	7.0	8.0	1.2	1.4
L_{50}	10.2	2.6	6.5	8.4	1.9	1.2
L_{10}	8.3	2.7	5.2	9.7	2.1	2.5

2. 声频率方面的掩蔽效应

在上升式刚性梯面景观中，与景观 G_3-1 和 G_5-1 相比，景观 G_4-1 的掩蔽效应优势仅在中高频声中明显（表 5-9）。其中，景观 G_4-1 在 500Hz 频率声压级的掩蔽效应值分别比景观 G_3-1 和景观 G_5-1 的掩蔽效应值高出 5.1dB（A）和 4.6dB（A），在 1000Hz 频率声压级的掩蔽效应值分别高出 1.8dB（A），在 2000Hz 频率声压级的掩蔽效应值分别高出 1.4dB（A）和 0.9dB（A）。而景观 G_4-1 在中低频声压级的掩蔽效应差于景观 G_3-1 和 G_5-1 的掩蔽效应。这种结果的原因可能是多种景观因素导致的，包括景观构造高度、景观材质类型、景观构造形式等。在景观 G_4-1 和 G_4-2 中，景观 G_4-1 对声频率的掩蔽效应值均高于景观 G_4-2 的掩蔽效应值，其原因是两者的景观构造形式差异。而在景观 G_3-1、G_3-2、G_5-1、G_5-2 中，景观构造形式的影响存在一些差异。例如，景观 G_3-1 在 250Hz 频率声压级的掩蔽效应值比景观 G_3-2 的掩蔽效应值低 5.1dB（A），景观 G_5-1 在 500Hz 频率声压级的掩蔽效应值比景观 G_5-2 的掩蔽效应值低 0.8dB（A）。导致这种结果的原因可能是，250Hz 和 500Hz 频率声压级所对应的波长分别与景观 G_3-1 和 G_5-1 的景观构造尺寸接近，使声波在景观中的传播量减少，而多余的声波能量通过景观反射到接收点处，增加了接收点处的声能量，所以声波能量在传播过程中并未明显衰减。

刚性梯面景观 $G_3 \sim G_5$ 在声频率方面的掩蔽效应值　单位：dB（A）　表 5-9

声频率	G_3-1	G_3-2	G_4-1	G_4-2	G_5-1	G_5-2
63Hz	5.6	3.8	4.5	0	4.3	0.7
125Hz	5.7	3.7	4.4	1.3	4.6	0.7
250Hz	1.3	6.4	6.1	1.3	8.1	-0.2
500Hz	2.2	0.9	7.3	0.7	2.7	3.5
1000Hz	2.7	2.0	4.5	1.4	3.4	0.3
2000Hz	1.4	0	2.8	1.2	1.9	1.1

在刚性梯面景观中，景观 G_6 和 G_7 对声频率的掩蔽效应均优于景观 $G_3 \sim G_5$ 的掩蔽效应（表 5-10）。例如，景观 G_6-1 在 63Hz 频率声压级的掩蔽效应值分别比 G_3-1、G_4-1、G_5-1 的掩蔽效应值高出 0.5dB（A）、1.6dB（A）、1.8dB（A），在 125Hz 频率声压级的掩蔽效应值分别高出 1.2dB（A）、2.5dB（A）、2.3dB（A），在 250Hz 频率声压级的掩蔽效应值分别高出 8.9dB（A）、4.1dB（A）、2.1dB（A），在 500Hz 频率声压级的掩蔽效应值分别高出 7.3dB（A）、2.2dB（A）、6.8dB（A），在 1000Hz 频率声压级的掩蔽效应值分别高出 6.4dB（A）、4.6dB（A）、5.7dB（A），在 2000Hz 频率声压级的掩蔽效应值分别高出 4.4dB（A）、3.0dB（A）、3.9dB（A）。导致上述结果的原因是景观的构造形式差异，下降式的刚性梯面景观向低于交通干道的方向延伸，而上升式的刚性梯面景观与之相反。在下降式的刚性梯面景观中，景观 G_6-1 和 G_7-1 的掩蔽效应分别优于景观 G_6-2 和 G_7-2 的掩蔽效应。所以，在声压级和声频率的掩蔽效应

刚性梯面景观 G_6、G_7 在声频率方面的掩蔽效应值　单位：dB（A）　表 5-10

声频率	G_6-1	G_6-2	G_6-3	G_7-1	G_7-2	G_7-3
63Hz	6.1	3.1	6.8	7.8	0	1.0
125Hz	6.9	4.2	9.9	9.2	1.5	1.8
250Hz	10.2	3.8	12.3	11.1	4.6	3.2
500Hz	9.5	2.3	8.4	11.6	2.1	2.1
1000Hz	9.1	2.1	7.1	8.8	2.3	0.8
2000Hz	5.8	0.3	6.1	7.5	1.9	1.6

方面，景观的构造形式是影响景观声能量掩蔽效应的重要因素。

3. 心理声学方面的掩蔽效应

在上升式刚性梯面景观中，与景观 G_3-1 和 G_5-1 相比，景观 G_4-1 的掩蔽效应优势略为明显（表 5-11）。其中，景观 G_4-1 在响度的掩蔽效应值分别比景观 G_3-1 和 G_5-1 的掩蔽效应值高出 2.10sone 和 0.60sone，在粗糙度的掩蔽效应值分别高出景观 G_3-1 和 G_5-1 的掩蔽效应值 0.14asper 和 0.03asper，在尖锐度的掩蔽效应值分别与景观 G_3-1 和 G_5-1 的掩蔽效应值相差 0.06acum 和 0.01acum，在波动强度的掩蔽效应值分别高出 0.85×10^{-3}vacil 和 0.84×10^{-3}vacil。所以，景观构造高度、景观形式、景观材质类型对心理声学的掩蔽效应并不明显。在响度的掩蔽效应方面，景观 G_3-1、G_4-1、G_5-1 的掩蔽效应值均高于景观 G_3-2、G_4-2、G_5-2 的掩蔽效应值，但他们之间的差异并不明显。在粗糙度、尖锐度、波动强度的掩蔽效应方面，景观 G_3-1 和景观 G_3-2，景观 G_4-1 和景观 G_4-2，景观 G_5-1 和景观 G_5-2 之间的掩蔽效应差异也不明显。

刚性梯面景观 $G_3 \sim G_5$ 在心理声学方面的掩蔽效应值　　　表 5-11

心理声学指标（单位）	G_3-1	G_3-2	G_4-1	G_4-2	G_5-1	G_5-2
响度（sone）	2.00	1.70	4.10	0.50	3.50	1.40
粗糙度（asper）	0.16	0.13	0.30	0.05	0.27	0.14
尖锐度（acum）	−0.13	−0.12	−0.07	0.04	−0.06	0.07
波动强度（vacil）	0.39*	0.57*	1.24*	−0.29*	0.14*	0.58*

注：* 表示波动强度数值 $\times 10^{-3}$。

在刚性梯面景观中，就响度和粗糙度而言，景观 G_6-1 和 G_7-1 的掩蔽效应明显优于景观 G_3-1、G_4-1、G_5-1 的掩蔽效应（表 5-12）。例如，景观 G_6-1 在响度的掩蔽效应值分别高出景观 G_3-1、G_4-1、G_5-1 的掩蔽效应值 6.10sone、4.00sone、4.60sone，在粗糙度的掩蔽效应值分别高出 0.57asper、0.43asper、0.46asper。景观 G_7-1 在响度的掩蔽效应值分别高出景观 G_3-1、G_4-1、G_5-1 的掩蔽效应值 8.00sone、5.90sone、6.50sone，在粗糙度的掩蔽效应值分别高出 0.48asper、0.34asper、0.37asper。而就尖锐度和波动强度而言，这些景观的掩蔽效应无明显差异。因此，在刚性梯面景观中，就声压级和声频率而言，能够影响声能量掩蔽效应的潜在景观因素有景观构造形式、景观构造高度、景观材质类型，而就心理声学而言，这些景观因素的作用效应并不明显，景观构造形式仅能影响响度和粗糙度方面的掩蔽效应。

刚性梯面景观 G_6、G_7 在心理声学方面的掩蔽效应值　　　表 5-12

心理声学指标（单位）	G_6-1	G_6-2	G_6-3	G_7-1	G_7-2	G_7-3
响度（sone）	8.10	1.31	3.98	10.0	1.80	1.80
粗糙度（asper）	0.73	0.29	0.58	0.64	0.13	0.10
尖锐度（acum）	0.15	−0.14	0	0.16	0.05	0.02
波动强度（vacil）	−3.73*	−1.12*	0.57*	1.99*	0.37*	0.79*

注：* 表示波动强度数值 ×10^{-3}。

5.1.3 柔性水平景观中的因素识别

1.声压级方面的掩蔽效应

在柔性水平景观 R_1-1 ~ R_1-3 中，景观 R_1-1 对声压级的掩蔽效应最具优势（表 5-13）。其中，景观 R_1-1 在 L_{Aeq} 的掩蔽效应值分别高出景观 R_1-2 和 R_1-3 的掩蔽效应值 1.2dB（A）和 2.2dB（A），在 L_{90} 的掩蔽效应值分别高出 1.6dB（A）和 2.2dB（A），在 L_{50} 掩蔽效应值分别高出 1.1dB（A）和 2.6dB（A），在 L_{10} 掩蔽效应值分别高出 1.1dB（A）和 2.5dB（A）。所以，在声压级的掩蔽效应方面，混凝土类景观的掩蔽效应优于低矮植被类景观的掩蔽效应。这一结论也适用于景观 R_2-1 ~ R_2-3 的掩蔽效应，景观 R_2-1 的掩蔽效应优于景观 R_2-2 和 R_2-3 的掩蔽效应。但是，混凝土类景观的掩蔽效应优势略有降低。例如，景观 R_2-1 在 L_{Aeq} 的掩蔽效应值分别高出景观 R_2-2 和 R_2-3 的掩蔽效应值 2.0dB（A）和 0.5dB（A），在 L_{50} 掩蔽效应值分别高出 1.8dB（A）和 0.3dB（A），在 L_{10} 掩蔽效应值分别高出 2.2dB（A）和 0.7dB（A），在 L_{90} 的掩蔽效应值低于景观 R_2-3 的掩蔽效应值，但其差值仅为 0.1dB（A）。因此，坡度的增加能够改变低矮植被类景观的声能量掩蔽效应。例如，景观 R_2-2 的掩蔽效应值低于景观 R_1-2 的掩蔽效应值，而景观 R_2-3 的掩蔽效应值高于景观 R_1-3 的掩蔽效应值。其中，

景观 R_2-3 在 L_{Aeq} 的掩蔽效应值高出景观 R_1-3 的掩蔽效应值 1.5dB（A），在 L_{90} 的掩蔽效应值高出 1.2dB（A），在 L_{50} 掩蔽效应值高出 1.9dB（A），在 L_{10} 掩蔽效应值高出 1.7dB（A）。

柔性水平景观在声压级方面的掩蔽效应值　单位：dB（A）　　表 5-13

声压级	R_1-1	R_1-2	R_1-3	R_2-1	R_2-2	R_2-3
L_{Aeq}	4.6	3.4	2.4	4.4	2.4	3.9
L_{90}	4.9	3.3	2.7	3.8	2.4	3.9
L_{50}	4.6	3.5	2.0	4.2	2.4	3.9
L_{10}	4.7	3.6	2.2	4.6	2.4	3.9

2. 声频率方面的掩蔽效应

在水平柔性景观 R_1-1 ~ R_1-3 中，景观 R_1-1 对低频声和高频声的掩蔽效应最具优势（表 5-14）。其中，景观 R_1-1 在 63Hz 频率声压级的掩蔽效应值分别比景观 R_1-2 和 R_1-3 的掩蔽效应值高出 0.6dB（A）和 1.2dB（A），在 125Hz 频率声压级的掩蔽效应值分别高出 0.9dB（A）和 2.5dB（A），在 1000Hz 频率声压级的掩蔽效应值分别高出 1.0dB（A）和 2.0dB（A），在 2000Hz 频率声压级的掩蔽效应值分别高出 0.5dB（A）和 4.7dB（A）。景观 R_1-1 在 250Hz 频率声压级的掩蔽效应值分别低于景观 R_1-2 和 R_1-3 的掩蔽效应值，但其差异仅为 0.3dB（A）和 0.1dB（A）。在景观 R_1-2 和 R_2-2 中，景观 R_1-2 在低频声和高频声的掩蔽效应均优于景观 R_2-2 的掩蔽效应，但两者的掩蔽效应差异并不明显。其中，景观 R_1-2 在 63Hz 和 125Hz 频率声压级的掩蔽效应值分别高出 R_2-2 的掩蔽效应值 0.7dB（A）和 1.0dB（A），在 1000Hz 和 2000Hz 频率声压级的掩蔽效应值分别高出 0.2dB（A）和 3.3dB（A）。在景观 R_1-3 和景观 R_2-3 中，景观 R_2-3 在低频声和高频声的掩蔽效应均优于景观 R_1-3 的掩蔽效应。其中，景观 R_2-3 在 63Hz 和 125Hz 频率声压级的掩蔽效应值分别高出 R_1-3 的掩蔽效应值 1.4dB（A）和 2.7dB（A），在 1000Hz 和 2000Hz 频率声压级的掩蔽效应值分别高出 0.3dB（A）和 4.9dB（A）。

柔性水平景观在声频率方面的掩蔽效应值　单位：dB（A）　　表 5-14

声频率	R$_1$-1	R$_1$-2	R$_1$-3	R$_2$-1	R$_2$-2	R$_2$-3
63Hz	5.2	4.6	4.0	5.1	3.9	5.4
125Hz	5.5	4.6	3.0	4.9	3.6	5.7
250Hz	5.3	5.6	5.4	5.0	5.9	5.2
500Hz	5.0	3.9	4.2	5.3	4.9	9.0
1000Hz	4.8	3.8	2.8	4.7	3.6	3.1
2000Hz	2.2	1.7	−2.5	2.6	−1.6	2.4

3. 心理声学方面的掩蔽效应

在柔性水平景观 R$_1$-1 ~ R$_1$-3 中，就响度的掩蔽效应而言，景观 R$_1$-1 的掩蔽效应最具优势（表 5-15）。其中，景观 R$_1$-1 在响度的掩蔽效应值分别比景观 R$_1$-2 和 R$_1$-3 的掩蔽效应值高出 1.10sone 和 3.20sone。就粗糙度、尖锐度、波动强度而言，3 者的掩蔽效应无明显差异。在景观 R$_2$-1 ~ R$_2$-3 中，景观在粗糙度、尖锐度、波动强度的掩蔽效应也无明显差异。而就响度的掩蔽效应而言，景观 R$_2$-3 的掩蔽效应最具优势，其掩蔽效应值分别高出景观 R$_2$-1 和 R$_2$-2 的掩蔽效应值 2.20sone 和 3.50sone。坡度的增加能够改变景观在心理声学的掩蔽效应。例如，在景观 R$_1$-2 和 R$_2$-2 中，景观 R$_1$-2 在响度的掩蔽效应值比景观 R$_2$-2 的掩蔽效应值高出 1.60sone。而在景观 R$_1$-3 和 R$_2$-3 中，景观 R$_2$-3 在响度的掩蔽效应值比景观 R$_1$-3 的掩蔽效应值高出 4.00sone。因此，综合以上结果可知，在柔性水平景观中，能够影响景观声能量掩蔽效应的潜在景观因素有景观材质类型、景观构造坡度。但是，景观构造坡度对声能量掩蔽效应的影响程度并未给出，

柔性水平景观在心理声学方面的掩蔽效应值　　　表 5-15

心理声学指标（单位）	R$_1$-1	R$_1$-2	R$_1$-3	R$_2$-1	R$_2$-2	R$_2$-3
响度（sone）	4.70	3.60	1.50	3.30	2.00	5.50
粗糙度（asper）	0.35	0.30	0.10	0.23	0.16	0.36
尖锐度（acum）	−0.03	−0.03	−0.16	−0.08	−0.16	−0.06
波动强度（vacil）	1.20*	2.27*	−0.99*	4.43*	0.34*	1.03*

注：* 表示波动强度数值 ×10^{-3}。

这是因为在声能量掩蔽效应的现场测量，样本量并不能满足实验的需求。所以，这一问题将在景观参数的模拟实验中得到解决。

5.1.4 柔性垂直景观中的因素识别

1. 声压级方面的掩蔽效应

在柔性垂直景观 R$_3$-1 ~ R$_3$-3 中，景观 R$_3$-1 在声压级的掩蔽效应均优于景观 R$_3$-2 和 R$_3$-3 的掩蔽效应（表 5-16）。其中，景观 R$_3$-1 在 L_{Aeq} 的掩蔽效应值分别高出景观 R$_3$-2 和 R$_3$-3 的掩蔽效应值 0.8dB（A）和 3.2dB（A），在 L_{90} 的掩蔽效应值分别高出 1.6dB（A）和 1.9dB（A），在 L_{50} 的掩蔽效应值分别高出 1.1dB（A）和 2.1dB（A），在 L_{10} 的掩蔽效应值分别高出 0.2dB（A）和 3.1dB（A）。其原因可能是景观 R$_3$-1 的茂密程度均高于景观 R$_3$-2 和 R$_3$-3 的茂密程度，相比之下，景观 R$_3$-1 对声能量的吸收作用最大，从而导致声能量在景观 R$_3$-1 中的衰减程度最大。这一原因也能够解释，在景观 R$_4$-1 ~ R$_4$-3 中，景观 R$_4$-1 在声压级的掩蔽效应优势更明显，景观 R$_4$-2 的掩蔽效应优于景观 R$_4$-3 的掩蔽效应。在景观 R$_3$-1 和 R$_4$-1 中，景观 R$_3$-1 在声压级的掩蔽效应均优于景观 R$_4$-1 的掩蔽效应，这可能是因为景观 R$_4$-1 的景观构造坡度高于景观 R$_3$-1 的景观构造坡度。而在景观 R$_3$-3 和 R$_4$-3 中，景观 R$_3$-3 的掩蔽效应优势仅在 L_{90} 和 L_{50} 声压级中明显。其中，景观 R$_3$-3 在 L_{Aeq} 和 L_{10} 的掩蔽效应均低于景观 R$_4$-3 的掩蔽效应值 0.5dB（A）和 0.9dB（A），而在 L_{90} 和 L_{50} 的掩蔽效应值均高出景观 R$_4$-3 的掩蔽效应值 0.4dB（A）和 0.3dB（A）。这一结果表明，景观构造坡度并不是影响声能量掩蔽效应的唯一景观因素。

柔性垂直景观在声压级方面的掩蔽效应值　单位：dB（A）　　表 5-16

声压级	R$_3$-1	R$_3$-2	R$_3$-3	R$_4$-1	R$_4$-2	R$_4$-3
L_{Aeq}	5.8	5.0	2.6	4.3	3.4	3.1
L_{90}	4.8	3.2	2.9	4.0	3.4	2.5
L_{50}	5.4	4.3	3.3	4.2	3.2	3.0
L_{10}	5.5	5.3	2.4	4.4	3.7	3.3

2. 声频率方面的掩蔽效应

在柔性垂直景观 R_3-1 ~ R_3-3 中，景观 R_3-1 在中低频声和高频声的掩蔽效应均优于景观 R_3-2 和 R_3-3 的掩蔽效应（表 5-17）。其中，景观 R_3-1 在 125Hz 频率声压级的掩蔽效应值分别比景观 R_3-2 和 R_3-3 的掩蔽效应值高出 2.0dB（A）和 1.8dB（A），在 250Hz 频率声压级的掩蔽效应值分别高出 1.6dB（A）和 2.3dB（A），在 500Hz 频率声压级的掩蔽效应值分别高出 1.5dB（A）和 5.1dB（A），在 2000Hz 频率声压级的掩蔽效应值分别高出 1.3dB（A）和 3.9dB（A）。而就 63Hz 和 1000Hz 频率的声压级而言，景观 R_3-2 的掩蔽效应更具优势。在景观 R_4-1 ~ R_4-3 中，景观 R_4-1 在中低频声和中高频声的掩蔽效应优于景观 R_4-2 和 R_4-3 的掩蔽效应。其中，景观 R_4-1 在 125Hz 频率声压级的掩蔽效应值分别比景观 R_4-2 和 R_4-3 的掩蔽效应值高出 0.4dB（A）和 1.3dB（A），在 500Hz 频率声压级的掩蔽效应值分别高出 2.6dB（A）和 3.3dB（A），在 2000Hz 频率声压级的掩蔽效应值均高出 1.7dB（A）。而就 250Hz 和 1000Hz 频率声压级而言，景观 R_4-2 的掩蔽效应更具优势。因此，在 63Hz 和 1000Hz 频率声压级的掩蔽效应方面，柔性垂直景观的茂密程度并不能影响景观的声能量掩蔽效应。

柔性垂直景观在声频率方面的掩蔽效应值　单位：dB（A）　　表 5-17

声频率	R_3-1	R_3-2	R_3-3	R_4-1	R_4-2	R_4-3
63Hz	5.5	5.9	4.1	5.0	5.0	3.8
125Hz	6.1	4.1	4.3	4.7	4.3	3.4
250Hz	7.6	6.0	5.3	3.7	4.3	4.1
500Hz	7.2	5.7	2.1	7.1	4.5	3.8
1000Hz	4.5	5.7	2.8	4.0	4.2	3.1
2000Hz	4.5	3.2	0.6	3.5	1.8	1.8

3. 心理声学方面的掩蔽效应

在柔性垂直景观 R_3-1 ~ R_3-3 中，3 者在粗糙度、尖锐度、波动强度的掩蔽效应无明显差异（表 5-18）。这一结果也体现在景观 R_4-1 ~ R_4-3 中。就响度的掩蔽效应而言，景观 R_3-1 的掩蔽效应值分别比景观 R_3-2 和 R_3-3 的掩蔽效应值高出 2.60sone 和 5.20sone，景观 R_3-2 的掩蔽效应值高出景观 R_3-3 的掩蔽效应值 2.60sone。所以，柔性垂直景观越稀疏，其在响度的掩蔽效应也就越差。在景观 R_4-1 ~ R_4-3 中，景观 R_4-1 在响度的掩蔽效应值分别高出景观 R_4-2 和 R_4-3 的掩蔽效应值 1.80sone 和 1.70sone，而景观 R_4-2 的掩蔽效应值比景观 R_4-3 的掩蔽效应值低 0.10sone。其原因可能是景观 R_4-2 和 R_4-3 的坡度存在一定的差异。

柔性垂直景观在心理声学方面的掩蔽效应值　　　　表 5-18

心理声学指标（单位）	R_3-1	R_3-2	R_3-3	R_4-1	R_4-2	R_4-3
响度（sone）	6.90	4.30	1.70	3.90	2.10	2.20
粗糙度（asper）	0.47	0.31	0.14	0.34	0.11	0.16
尖锐度（acum）	0.21	−0.08	−0.20	0.09	−0.14	−0.08
波动强度（vacil）	0.99*	0.31*	0.13*	0.42*	−0.37*	0.61*

注：* 表示波动强度数值 ×10^{-3}。

5.2　景观掩蔽参数的模拟实验

　　根据声能量掩蔽效应的现场研究结果，本书发现景观构造高度、景观构造形式等体现景观反射声能量的能力的潜在刚性景观参数对景观的声能量掩蔽效应具有一定的影响，景观材质类型、景观稀疏程度等能够反映景观吸收声能量能力的潜在柔性景观参数也对景观的声能量掩蔽效应具有一定的影响。但是，由于声能量掩蔽效应的现场测量仅能识别出影响声能量掩蔽效应的潜在景观参数，并不能计算出景观参数的影响程度。因此，为了验证这些景观参数对声能量掩蔽效应的影响程度，本节通过声学软件模拟实验，探索了景观参数与景观声能量掩蔽效应之间的关系。本节的景观参数模拟实验，一方面，有利于前一节景观因素现场识别的验证；另一方面，为第 6 章城市疗愈公园声环境设计和优化提供了数据支撑。

5.2.1 刚性景观参数对声能量掩蔽效应的影响

1.景观构造形式的影响

在探索刚性景观参数与景观声能量掩蔽效应之间的关系的过程中，本书将刚性景观参数分为景观构造形式和景观构造高度。其中，景观构造形式体现的是景观功能和公园规划，在本书中以梯面形式和坡面形式为主。就景观功能而言，城市公园中的梯面形式景观和坡面形式景观均具有连接公园和交通干道的枢纽作用。其中，梯面形式景观的受众主体是步行的居民和游客，而坡面形式景观的受众主体则是骑车、货运等人群。就公园规划而言，景观构造形式能够解决城市公园与交通干道之间的高差问题。其中，当城市公园高于交通干道时，景观构造形式为上升式（图 5-1 中 G_1-1 ~ G_1-3），当城市公园低于交通干道时，景观构造形式为下降式（图 5-1 中 G_1-4 ~ G_1-6）。在景观构造高度方面，本书中能够反映景观构造高度的参数包括梯面形式景观的梯面高度、梯面数量，坡面形式景观的坡度。

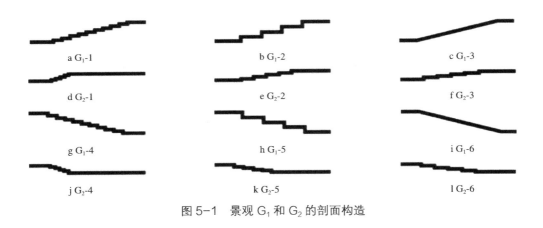

图 5-1　景观 G_1 和 G_2 的剖面构造

为了研究景观构造形式对声能量掩蔽效应的影响，本书共进行了两项模拟实验，其中一项是在 6 个声场中分别建立景观材质类型相同、景观构造高度相同的梯面形式景观模型和坡面形式景观模型（图 5-1）。各声能量掩蔽效应模型中的交通声源位置和声功率也均相同。其中，本书在梯面形式景观 G_1-1 和 G_1-4

中设置了 10 级相同梯面宽度和梯面高度的梯面，在梯面形式景观 G_1-2 和 G_1-5 中设置了 4 级相同梯面宽度和梯面高度的梯面，并将坡面形式景观 G_1-3 和 G_1-6 的景观构造坡度均设置为 25%。另一项模拟实验是在 6 个声场中分别建立景观材质类型相同、景观构造高度相同，但梯面宽度不同的梯面形式景观。梯面形式景观 G_2 的梯面高度均设置为 0.1m，梯面宽度分别设置为 0.3m（G_2-1、G_2-4）、0.6m（G_2-2、G_2-5）、0.9m（G_2-3、G_2-6）。其中，景观 G_2-1 ~ G_2-3 为上升式梯面形式景观，景观 G_2-4 ~ G_2-6 为下降式梯面形式景观。

表 5-19 给出了梯面形式景观 G_1 对低频交通声的声能量掩蔽效应模拟结果。结果显示，景观 G_1-1 ~ G_1-6 在低频声场中的声能量分布无明显差异。根据景观 G_1 对低频交通声的声能量掩蔽效应值，景观 G_1-1 ~ G_1-3 之间的声能量掩蔽效应差值较小，其对 63Hz 频率交通声的掩蔽效应差值在 0.3 ~ 0.8dB（A）范围内，对 125Hz 频率交通声的掩蔽效应差值在 0.1 ~ 0.5dB（A）范围内。其中，景观 G_1-2 对 63Hz 频率交通声的掩蔽效应最好，其掩蔽效应值为 3.9dB（A），但低于对照组的掩蔽效应值 1.6dB（A）。景观 G_1-1 对 125Hz 频率交通声的掩蔽效应最好，其掩蔽效应值为 10.0dB（A），并高出对照组的掩蔽效应值 3.5dB（A）。在景观 G_1-4 ~ G_1-6 中，景观 G_1-6 的掩蔽效应最好，并优于对照组的掩蔽效应。其中，景观 G_1-6 对 63Hz 频率交通声的掩蔽效应值分别高出景观 G_1-4 和 G_1-5 的掩蔽效应值 0.6dB（A）和 1.7dB（A），对 125Hz 频率交通声的掩蔽效应值分别高出景观 G_1-4 和 G_1-5 的掩蔽效应值 7.7dB（A）和 7.6dB（A）。

景观 G_1 在各频率的掩蔽效应值　单位：dB（A）　　　表 5-19

声频率	对照组	G_1-1	G_1-2	G_1-3	G_1-4	G_1-5	G_1-6
63Hz	5.5	3.4	3.9	3.1	8.4	7.3	9.0
125Hz	6.5	10.0	9.5	9.9	9.1	9.2	16.8
250Hz	5.9	8.6	10.8	7.9	1.2	2.2	1.6
500Hz	4.5	9.1	5.4	9.1	6.1	6.4	5.3
1000Hz	5.0	2.6	2.7	−0.7	8.4	7.5	6.1
2000Hz	1.9	1.0	4.5	1.7	7.9	7.7	9.0

在对中频交通声的声能量掩蔽效应方面，上升式梯面形式景观中，景观 G_1-3 对 250Hz 频率交通声的掩蔽效应最差，但其掩蔽效应值高出对照组的掩蔽效应值 2.0dB（A）。景观 G_1-3 对 500Hz 频率交通声的掩蔽效应最好，其值分别高出景观 G_1-1 和 G_1-2 的掩蔽效应值 0dB（A）和 3.7dB（A），并高出对照组的掩蔽效应值 4.6dB（A）。下降式梯面形式景观对中频交通声的声能量掩蔽效应相对较差。其中，景观 G_1-4 ~ G_1-6 对 250Hz 频率交通声的掩蔽效应值在 1.2 ~ 2.2dB（A）范围内，对 500Hz 频率交通声的掩蔽效应值在 5.3 ~ 6.4dB（A）范围内。其中，景观 G_1-5 对 250Hz 频率交通声的掩蔽效应值最高，但仅为 2.2dB（A）。景观 G_1-5 对 500Hz 频率交通声的掩蔽效应值均高于景观 G_1-4 和 G_1-6 的掩蔽效应值，并高出对照组的掩蔽效应值 1.9dB（A）。

在对高频交通声的声能量掩蔽效应方面，上升式梯面形式景观的声场分布和下降式梯面形式景观的声场分布存在明显差异。在上升式梯面形式景观中，景观 G_1-2 对 1000Hz 频率交通声的掩蔽效应值最高，但仅为 2.7dB（A），并低于对照组的掩蔽效应值 2.3dB（A）。景观 G_1-2 对 2000Hz 频率交通声的掩蔽效应值分别高出景观 G_1-1 和 G_1-3 的掩蔽效应值 3.5dB（A）和 2.8dB（A），并高出对照组的掩蔽效应值 2.6dB（A）。在下降式梯面形式景观中，景观 G_1-4 对 1000Hz 频率交通声的掩蔽效应值最高，达到了 8.4dB（A），分别高出景观 G_1-5 和 G_1-6 的掩蔽效应值 0.9dB（A）和 2.3dB（A），并高出对照组的掩蔽效应值 3.4dB（A）。景观 G_1-6 对 2000Hz 频率交通声的掩蔽效应值最高，高达 9.0dB（A），分别高出景观 G_1-4 和 G_1-5 的掩蔽效应值 1.1dB（A）和 1.3dB（A），并高出对照组的掩蔽效应值 7.1dB（A）。

综上所述，对上升式梯面形式景观而言，景观构造形式对低频声能量的掩蔽效应影响较小，但能够明显影响中频声能量的掩蔽效应。例如，梯面形式景观对 250Hz 频率交通声的掩蔽效应优于坡面形式景观的掩蔽效应，而对 500Hz 频率交通声的掩蔽效应，梯面形式景观并未表现出明显的优势。在对高频交通声的掩蔽效应方面，梯面形式景观的掩蔽效应优势在 1000Hz 频率的交通声中较为明显。对下降式梯面形式景观而言，景观构造形式对声能量掩蔽效应的影响较小，其影响程度仅在 0.4 ~ 2.3dB（A）范围内（除对 125Hz 频率交通声的掩蔽效应外）。

在梯面宽度对声能量掩蔽效应的影响方面，表 5-20 显示景观 G_2-1 ~ G_2-6 的声能量分布无明显差异，梯面宽度与声能量掩蔽效应值存在线性关系。其中，在上升式梯面形式景观中，随着梯面宽度的增加，掩蔽效应值呈下降趋势；而在下降式梯面形式景观中，随着梯面宽度的增加，掩蔽效应值呈上升趋势。其中，景观 G_2-1 对 63Hz 频率交通声的掩蔽效应值最高，分别高出景观 G_2-2 和 G_2-3 的掩蔽效应值 0.3dB（A）和 0.5dB（A），但 3 者均低于对照组的掩蔽效应值。景观 G_2-1 对 125Hz 频率交通声的掩蔽效应值分别高出景观 G_2-2 和 G_2-3 的掩蔽效应值 0.8dB（A）和 0.9dB（A）。景观 G_2-6 对低频交通声的掩蔽效应均优于景观 G_2-4 和 G_2-5 的掩蔽效应，但其掩蔽效应优势仅在 0.3 ~ 0.5dB（A）范围内。

景观 G_2 在各频率的掩蔽效应值　单位：dB（A）　　　表 5-20

声频率	对照组	G_2-1	G_2-2	G_2-3	G_2-4	G_2-5	G_2-6
63Hz	5.5	4.8	4.5	4.3	6.4	6.5	6.8
125Hz	6.5	8.2	7.4	7.3	6.5	6.7	7.0
250Hz	5.9	1.2	1.9	2.2	6.8	4.7	5.2
500Hz	4.5	11.1	6.4	4.3	5.2	3.3	3.8
1000Hz	5.0	3.3	0.4	2.5	6.0	5.4	4.5
2000Hz	1.9	2.3	2.0	4.4	4.5	5.5	4.0

在对中频交通声的声能量掩蔽效应方面，梯面形式景观的声场分布无明显差异。在上升式梯面形式景观中，景观 G_2-3 对 250Hz 频率交通声的掩蔽效应值最高，但仅高出景观 G_2-1 和 G_2-2 的掩蔽效应值 1.0dB（A）和 0.3dB（A），并低于对照组的掩蔽效应值 4.7dB（A）。景观 G_2-1 对 500Hz 频率交通声的掩蔽效应值最高，达到了 11.1dB（A），并分别高出对照组、景观 G_2-2、景观 G_2-3 的掩蔽效应值 6.6dB（A）、4.7dB（A）、6.8dB（A）。在下降式梯面形式景观中，景观 G_2-5 对中频交通声的掩蔽效应最差。其中，景观 G_2-5 对 250Hz 频率交通声的掩蔽效应值分别比景观 G_2-4 和 G_2-6 的掩蔽效应值低 2.1dB（A）和 0.5dB（A），并低于对照组的掩蔽效应值 1.2dB（A），对 500Hz 频率交通声的掩蔽效

应值分别低于景观 G_2-4 和 G_2-6 的掩蔽效应值 1.9dB（A）和 0.5dB（A），并低于对照组的掩蔽效应值 1.2dB（A）。

在对高频交通声的声能量掩蔽效应方面，梯面形式景观的声能量分布存在一些差异。景观 G_2-2 对高频交通声的掩蔽效应最差。其中，景观 G_2-2 对 1000Hz 频率交通声的掩蔽效应值分别比景观 G_2-1 和 G_2-3 的掩蔽效应值低 2.9dB（A）和 2.1dB（A），并低于对照组的掩蔽效应值 4.6dB（A），对 2000Hz 频率交通声的掩蔽效应值分别低于景观 G_2-1 和 G_2-3 的掩蔽效应值 0.3dB（A）和 2.4dB（A），但高出对照组的掩蔽效应值 0.1dB（A）。在下降式梯面形式景观中，景观 G_2-4 和 G_2-5 的掩蔽效应值最高。其中景观 G_2-4 对 1000Hz 频率交通声的掩蔽效应值分别高出对照组、景观 G_2-5、景观 G_2-6 的掩蔽效应值 1.0dB（A）、0.6dB（A）、1.5dB（A）。景观 G_2-5 对 2000Hz 频率交通声的掩蔽效应值分别高出对照组、景观 G_2-4、景观 G_2-6 的掩蔽效应值 3.6dB（A）、1.0dB（A）、1.5dB（A）。

综上所述，梯面形式景观的梯面宽度与声能量掩蔽效应之间存在线性关系，但这种关系仅在低频交通声中明显。梯面宽度能够影响声能量掩蔽效应，但其影响程度仅在中高频交通声中明显。

2. 景观构造高度的影响

在景观构造高度对声能量掩蔽效应的影响方面，本书共进行了两项模拟实验，其中一项是在相同的声场条件下设置梯面数量相同，但梯面高度不同的梯面形式景观模型，并设置梯面高度相同，但梯面数量不同的梯面形式景观模型。声能量掩蔽效应模型中共设置了 6 个声场。其中，梯面高度为 0.1m 的景观有 G_3-1、G_3-3、G_3-4、G_3-6，梯面高度为 0.15m 的景观有 G_3-2、G_3-5（图 5-2）。景观 G_3-1、G_3-2、G_3-3 为上升式梯面形式景观，而景观 G_3-4 ~ G_3-6 为下降式梯面形式景观。在另一项模拟实验中，本书在 6 个声场中分别设置了景观材质类型相同，但景观构造坡度均不同的坡面形式景观模型。景观构造坡度包括：3.0%（景观标号 G_4-1、G_4-4）、6.0%（景观标号 G_4-2、G_4-5）、9.0%（景观标号 G_4-3、G_4-6）。其中，景观 G_4-1 ~ G_4-3 为上升式坡面形式景观，而景观 G_4-4 ~ G_4-6 为下降式坡面形式景观。

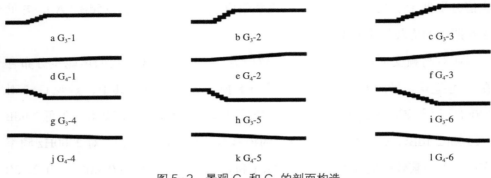

图 5-2 景观 G_3 和 G_4 的剖面构造

　　在对低频交通声的声能量掩蔽效应方面,下降式梯面形式景观的声场分布与上升式梯面形式景观的声场分布存在一些差异。表 5-21 的结果显示景观构造高度对 63Hz 频率交通声的掩蔽效应影响程度较小。其中,在上升式梯面形式景观中,景观 G_3-1 对 63Hz 频率交通声的掩蔽效应值最高,但仅比景观 G_3-2 和 G_3-3 的掩蔽效应值高出 0.2dB(A)和 1.3dB(A),并低于对照组的掩蔽效应值 0.7dB(A)。景观 G_3-2 对 125Hz 频率交通声的掩蔽效应值最高,达到了 12.8dB(A),分别高出对照组、景观 G_3-1、景观 G_3-3 的掩蔽效应值 6.3dB(A)、4.6dB(A)、0.5dB(A)。在下降式梯面形式景观中,景观 G_3-6 对低频交通声的掩蔽效应最好。其中,景观 G_3-6 对 63Hz 频率交通声的掩蔽效应值分别高出对照组、景观 G_3-4、景观 G_3-5 的掩蔽效应值 2.1dB(A)、1.2dB(A)、0.6dB(A),对 125Hz 频率交通声的掩蔽效应值分别高出 2.9dB(A)、2.9dB(A)、1.8dB(A)。

景观 G_3 在各频率的掩蔽效应值　单位:dB(A)　　　　表 5-21

声频率	对照组	G_3-1	G_3-2	G_3-3	G_3-4	G_3-5	G_3-6
63Hz	5.5	4.8	4.6	3.5	6.4	7.0	7.6
125Hz	6.5	8.2	12.8	12.3	6.5	7.6	9.4
250Hz	5.9	1.2	1.4	6.0	6.8	5.2	1.9
500Hz	4.5	11.1	6.9	5.4	5.2	6.6	8.0
1000Hz	5.0	3.3	4.2	0.7	6.0	5.5	7.2
2000Hz	1.9	2.3	−0.8	6.8	4.5	6.6	7.8

在对中频交通声的声能量掩蔽效应方面，梯面形式景观的中频声场分布存在明显的差异。其中，在上升式梯面形式景观中，景观 G_3-3 对 250Hz 频率交通声的掩蔽效应值最高，分别高出景观 G_3-1 和 G_3-2 的掩蔽效应值 4.8dB（A）和 4.6dB（A），但仅比对照组的掩蔽效应值高出 0.1dB（A）。景观 G_3-1 对 500Hz 频率交通声的掩蔽效应值最高，高达 11.1dB（A），分别高出景观 G_3-2 和 G_3-3 的掩蔽效应值 4.2dB（A）和 5.7dB（A），并高出对照组的掩蔽效应值 6.6dB（A）。在下降式梯面形式景观中，景观 G_3-4 对 250Hz 频率交通声的掩蔽效应值最高，分别高出景观 G_3-5 和 G_3-6 的掩蔽效应值 1.6dB（A）和 4.9dB（A），但仅高出对照组的掩蔽效应值 0.9dB（A）。景观 G_3-6 对 500Hz 频率交通声的掩蔽效应值最高，分别高出对照组、景观 G_3-4、景观 G_3-5 的掩蔽效应值 3.5dB（A）、2.8dB（A）、1.4dB（A）。

在对高频交通声的声能量掩蔽效应方面，梯面形式景观的高频声场分布存在明显差异。在上升式梯面形式景观中，景观 G_3-2 对 1000Hz 频率交通声的掩蔽效应值最高，分别高出景观 G_3-1 和 G_3-3 的掩蔽效应值 0.9dB（A）和 3.5dB（A），但低于对照组的掩蔽效应值 0.8dB（A）。景观 G_3-3 对 2000Hz 频率交通声的掩蔽效应值最高，分别高出对照组、景观 G_3-1、景观 G_3-2 的掩蔽效应值 4.9dB（A）、4.5dB（A）、7.6dB（A）。在下降式梯面形式景观中，景观 G_3-6 的掩蔽效应最好。其中，景观 G_3-6 对 1000Hz 频率交通声的掩蔽效应值分别高出景观 G_3-4 和 G_3-5 的掩蔽效应值 1.2dB（A）和 1.7dB（A），并高出对照组的掩蔽效应值 2.2dB（A），对 2000Hz 频率交通声的掩蔽效应值分别高出景观 G_3-4 和 G_3-5 的掩蔽效应值 2.3dB（A）和 1.2dB（A），并高出对照组的掩蔽效应值 5.9dB（A）。

综上所述，梯面形式景观的梯面高度和梯面数量均能够影响声能量掩蔽效应。其中，在上升式梯面形式景观中，梯面高度能够显著影响景观对 125Hz、500Hz、2000Hz 频率交通声的掩蔽效应，梯面数量能够显著影响景观对 125Hz、250Hz、500Hz、1000Hz、2000Hz 频率交通声的掩蔽效应。在下降式梯面形式景观中，梯面高度对掩蔽效应的影响程度较小，而梯面数量能够显著影响景观对 125Hz、250Hz、500Hz、2000Hz 频率交通声的掩蔽效应。

在景观构造坡度对声能量掩蔽效应的影响方面，坡面形式景观的低频声场分布无明显差异。在上升式坡面形式景观中，景观 G_4-1 对 63Hz 频率交通声的掩蔽效应值最高（表 5-22），但仅高出景观 G_4-2 和 G_4-3 的掩蔽效应值 0.4dB（A）和 0.8dB（A），并低于对照组的掩蔽效应值 0.2dB（A）。景观 G_4-3 对 125Hz 频率交通声的掩蔽效应值最高，但仅高出对照组、景观 G_4-1、景观 G_4-2 的掩蔽效应值 0.2dB（A）、0.3dB（A）、0.2dB（A）。在下降式坡面形式景观中，景观 G_4-6 对 63Hz 频率交通声的掩蔽效应值最高，但仅高出对照组、景观 G_4-4、景观 G_4-5 的掩蔽效应值 1.2dB（A）、0.7dB（A）、0.4dB（A），对 125Hz 频率交通声的掩蔽效应值分别高出 0.1dB（A）、0.2dB（A）、0.2dB（A）。

景观 G_4 在各频率的掩蔽效应值　单位：dB（A）　　　　表 5-22

声频率	对照组	G_4-1	G_4-2	G_4-3	G_4-4	G_4-5	G_4-6
63Hz	5.5	5.3	4.9	4.5	6.0	6.3	6.7
125Hz	6.5	6.4	6.5	6.7	6.4	6.4	6.6
250Hz	5.9	3.6	2.6	2.4	7.5	8.1	6.9
500Hz	4.5	2.0	2.1	3.7	4.7	3.7	2.4
1000Hz	5.0	6.0	6.4	5.3	6.3	5.5	5.5
2000Hz	1.9	0.8	0.9	1.6	1.9	2.9	4.0

在对中频交通声的声能量掩蔽效应方面，景观构造坡度对中频声场的影响并不明显。在上升式坡面形式景观中，景观 G_4-1 对 250Hz 频率交通声的掩蔽效应值最高，并分别高出景观 G_4-2 和 G_4-3 的掩蔽效应值 1.0dB（A）和 1.2dB（A），但低于对照组的掩蔽效应值 2.3dB（A）。景观 G_4-3 对 500Hz 频率交通声的掩蔽效应值最高，分别高出景观 G_4-1 和 G_4-2 的掩蔽效应值 1.7dB（A）和 1.6dB（A），但低于对照组的掩蔽效应值 0.8dB（A）。在下降式坡面形式景观中，景观 G_4-5 对 250Hz 频率交通声的掩蔽效应值最高，分别高出景观 G_4-4 和 G_4-6 的掩蔽效应值 0.6dB（A）和 1.2dB（A），并高出对照组的掩蔽效应值 2.2dB（A）。景观 G_4-4 对 500Hz 频率交通声的掩蔽效应值最高，并高出对照组、景观 G_4-5、景观 G_4-6 的掩蔽效应值 0.2dB（A）、1.0dB（A）、2.3dB（A）。

在对高频交通声的声能量掩蔽效应方面，景观构造坡度差异下的高频声场分布差异并不明显。在上升式坡面形式景观中，景观 G_4-2 对 1000Hz 频率交通声的掩蔽效应值最高，但仅高出景观 G_4-1 和 G_4-3 的掩蔽效应值 0.4dB（A）~ 1.1dB（A），并高出对照组的掩蔽效应值 1.4dB（A）。景观 G_4-3 对 2000Hz 频率交通声的掩蔽效应值最高，但仅比景观 G_4-1 和 G_4-2 的掩蔽效应值高出 0.8dB（A）和 0.7dB（A），并低于对照组的掩蔽效应值 0.3dB（A）。在下降式坡面形式景观中，景观 G_4-4 对 1000Hz 频率交通声的掩蔽效应值最高，但仅高出景观 G_4-5 和 G_4-6 的掩蔽效应值 0.8dB（A），并高出对照组的掩蔽效应值 1.3dB（A）。景观 G_4-6 对 2000Hz 频率交通声的掩蔽效应值最高，分别高出对照组、景观 G_4-4、景观 G_4-5 的掩蔽效应值 2.1dB（A）、2.1dB（A）、1.1dB（A）。因此，景观构造坡度能够影响坡面形式景观的声能量掩蔽效应，但这种影响程度并不明显。

5.2.2 柔性景观参数对声能量掩蔽效应的影响

1. 景观材质类型的影响

在柔性景观参数与景观声能量掩蔽效应之间的关系方面，本书将柔性景观参数分为景观材质类型和景观材质参数。就景观材质类型而言，本书选用声能量掩蔽现场测量中的景观材质类型，同时考虑到在声能量掩蔽现场测量中，景观的吸声方式包括了水平吸声方式和垂直吸声方式。因此，选择了以下景观材质类型作为研究对象（图 5-3）：混凝土（R_1-1）、草坪（R_1-2）、乔木（R_1-3）、灌木（R_1-4）。其中，景观 R_1-1 和 R_1-2 反映的是景观的水平吸声方式，而景观 R_1-3 和 R_1-4 反映的是景观的垂直吸声方式。考虑到景观构造高度对模拟结果的影响，本书分别将景观构造高度设置为高于交通干道（R_2）和低于交通干道（R_3）。景观 R_2 和 R_3 距离交通干道的高度均为 1.0m。就景观材质参数而言，在对垂直吸声式景观进行模型验证的过程中，本书发现，材质的流阻率和孔隙率是影响景观声能量掩蔽效应的重要因素。因此，在探索景观材质参数对景观声能量掩蔽效应的影响方面，分别建立了流阻率和孔隙率差异下的景观声能量掩蔽效应模型。

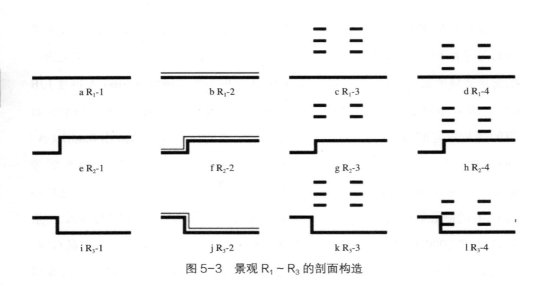

图 5-3　景观 $R_1 \sim R_3$ 的剖面构造

　　在景观 R_1 中，景观材质类型对低频声场分布并无明显影响（表 5-23）。其中，景观 R_1-1 和 R_1-2 对低频交通声的掩蔽效应值差异仅为 0.1 ~ 0.2dB（A）。景观 R_1-3 对 63Hz 频率交通声的掩蔽效应值比景观 R_1-4 的掩蔽效应值低 0.9dB（A），而景观 R_1-3 对 125Hz 频率交通声的掩蔽效应值高出景观 R_1-4 的掩蔽效应值 2.6dB（A）。

景观 R_1 在各频率的掩蔽效应值　单位：dB（A）　　表 5-23

声频率	R_1-1	R_1-2	R_1-3	R1-4
63Hz	5.5	5.3	3.5	4.4
125Hz	6.5	6.6	7.2	4.6
250Hz	5.9	6.4	6.8	26.7
500Hz	4.5	5.4	−0.5	7.7
1000Hz	5.0	4.3	0.1	3.6
2000Hz	1.9	2.6	0.6	9.6

　　在对中频交通声的掩蔽效应方面，水平式吸声景观对声场分布的影响无明显差异，而垂直吸声式景观对声场分布的影响存在明显差异。其中，景观 R_1-1 对 250Hz 和 500Hz 频率交通声的掩蔽效应值均低于景观 R_1-2 的掩蔽效应值，

并分别低 0.5dB（A）和 0.9dB（A）。景观 R_1-4 对 250Hz 频率交通声的掩蔽效应最好，其值高达 26.7dB（A），并高出景观 R_1-3 的掩蔽效应值 19.9dB（A）。景观 R_1-4 对 500Hz 频率交通声的掩蔽效应也较好，其值达到了 7.7dB（A）。

在对高频交通声的掩蔽效应方面，垂直吸声式景观对声场分布的影响存在明显差异，而水平式吸声景观对声场分布的影响无明显差异。景观 R_1-1 对 1000Hz 频率交通声的掩蔽效应值比景观 R_1-2 的掩蔽效应值高出 0.7dB（A），而景观 R_1-1 对 2000Hz 频率交通声的掩蔽效应值比景观 R_1-2 的掩蔽效应值低 0.7dB（A）。景观 R_1-3 对高频交通声的掩蔽效应值均低于景观 R_1-4 的掩蔽效应值。其中，景观 R_1-3 对 1000Hz 频率交通声的掩蔽效应值比景观 R_1-4 的掩蔽效应值低 3.5dB（A），对 2000Hz 频率交通声的掩蔽效应值比景观 R_1-4 的掩蔽效应值低 9.0dB（A）。

在景观 R_2 中，由景观材质类型差异导致的声场分布差异并不明显，如表 5-24 所示。其中，景观 R_2-1 和 R_2-2 对 63Hz 频率交通声的掩蔽效应值均为 7.4dB（A），景观 R_2-1 对 125Hz 频率交通声的掩蔽效应值比景观 R_2-2 的掩蔽效应值低 1.1dB（A）。景观 R_2-3 对 63Hz 频率交通声的掩蔽效应值比景观 R_2-4 的掩蔽效应值低 0.7dB（A），但对 125Hz 频率交通声的掩蔽效应值比景观 R_2-4 的掩蔽效应值高 1.0dB（A）。

景观 R_2 在各频率的掩蔽效应值　单位：dB（A）　　　表 5-24

声频率	R_2-1	R_2-2	R_2-3	R_2-4
63Hz	7.4	7.4	6.5	7.2
125Hz	15.7	16.8	9.8	8.8
250Hz	12.4	13.5	2.5	4.7
500Hz	6.5	8.0	20.1	2.7
1000Hz	8.0	6.8	2.3	9.8
2000Hz	5.6	4.6	4.1	22.2

在对中频交通声的掩蔽效应方面，景观 R_2-1 和 R_2-2 的声场分布无明显差异，而景观 R_2-3 和 R_2-4 的声场分布存在明显差异。其中，景观 R_2-2 对中频交

通声的掩蔽效应均优于景观 R_1-1 的掩蔽效应。景观 R_2-2 对 250Hz 频率交通声的掩蔽效应值比景观 R_2-1 的掩蔽效应值高 1.1dB（A），对 500Hz 频率交通声的掩蔽效应值比景观 R_2-1 的掩蔽效应值高 1.5dB（A）。景观 R_2-3 对 250Hz 频率交通声的掩蔽效应差于景观 R_2-4 的掩蔽效应，但对 500Hz 频率交通声的掩蔽效应优于景观 R_2-4 的掩蔽效应。其中，景观 R_2-3 对 500Hz 频率交通声的掩蔽效应值高达 20.1dB（A），但景观 R_2-4 对 500Hz 频率交通声的掩蔽效应值仅为 2.7dB（A）。

在对高频交通声的掩蔽效应方面，景观 R_2-1 和 R_2-2 的声场分布差异较小，而景观 R_2-3 和 R_2-4 的声场分布存在明显差异。其中，景观 R_2-1 对高频交通声的掩蔽效应优于景观 R_2-2 的掩蔽效应。景观 R_2-1 对 1000Hz 和 2000Hz 频率交通声的掩蔽效应值比景观 R_2-2 的掩蔽效应值分别高出 1.2dB（A）和 1.0dB（A）。景观 R_2-3 对高频交通声的掩蔽效应均差于景观 R_2-4 的掩蔽效应。其中，景观 R_2-3 对 1000Hz 频率交通声的掩蔽效应值比景观 R_2-4 的掩蔽效应值低 7.5dB（A），对 2000Hz 频率交通声的掩蔽效应值比景观 R_2-4 的掩蔽效应值低 18.1dB（A）。

在景观 R_3 中，景观材质差异并未使低频交通声场产生明显变化。景观 R_3-1 和 R_3-2 对 63Hz 频率交通声的掩蔽效应值均为 6.2dB（A），而景观 R_3-1 对 125Hz 频率交通声的掩蔽效应值比景观 R_3-2 的掩蔽效应值低 1.1dB（A）（表 5-25）。景观 R_3-3 对 63Hz 频率交通声的掩蔽效应值比景观 R_3-4 的掩蔽效应值低 3.1dB（A），但对 125Hz 频率交通声的掩蔽效应值比景观 R_3-4 的掩蔽效应值高 1.7dB（A）。

景观 R_3 在各频率的掩蔽效应值　单位：dB（A）　　　　表 5-25

声频率	R_3-1	R_3-2	R_3-3	R_3-4
63Hz	6.2	6.2	7.0	10.1
125Hz	11.4	12.5	17.6	15.9
250Hz	7.0	5.8	11.5	7.7
500Hz	4.3	4.7	10.1	7.9
1000Hz	4.7	5.3	5.2	6.0
2000Hz	4.1	4.5	5.9	13.9

在对中频交通声的掩蔽效应方面，各声场的分布存在一些差异。其中，景观 R_3-1 对 250Hz 频率交通声的掩蔽效应值比景观 R_3-2 的掩蔽效应值高 1.2dB（A），对 500Hz 频率交通声的掩蔽效应值比景观 R_3-2 的掩蔽效应值低 0.4dB（A）。景观 R_3-3 对中频交通声的掩蔽效应优于景观 R_3-4 的掩蔽效应。其中，景观 R_3-3 对 250Hz 频率交通声的掩蔽效应值比景观 R_3-4 的掩蔽效应值高 3.8dB（A），对 500Hz 频率交通声的掩蔽效应值比景观 R_3-4 的掩蔽效应值高 2.2dB（A）。

在对高频交通声的掩蔽效应方面，景观 R_3-1 和 R_3-2 的声场分布的差异较小，而景观 R_3-3 和 R_3-4 的声场分布的差异较大。景观 R_3-1 对高频交通声的掩蔽效应差于景观 R_3-2 的掩蔽效应，但两者的差异较小。景观 R_3-3 对高频交通声的掩蔽效应差于景观 R_3-4 的掩蔽效应。其中，景观 R_3-3 对 1000Hz 频率交通声的掩蔽效应值比景观 R_3-4 的掩蔽效应值低 0.8dB（A），对 2000Hz 频率交通声的掩蔽效应值比景观 R_3-4 的掩蔽效应值低 8.0dB（A）。

综上所述，以混凝土材质为特征的景观和以草坪材质为特征的景观在对各个频率交通声的掩蔽效应方面存在差异，但差异较小。乔木景观和灌木景观对各频率交通声的掩蔽效应均存在明显差异。其中，乔木景观对 125Hz、250Hz、500Hz 频率交通声的掩蔽效应优于灌木景观的掩蔽效应，而灌木景观对 63Hz、1000Hz、2000Hz 频率交通声的掩蔽效应优于乔木景观的掩蔽效应。

2. 景观材质参数的影响

在景观材质参数的影响方面，建立了流阻率差异下，乔木景观和灌木景观对交通声的声能量掩蔽效应模型。在乔木景观模型中，共设置了 4 组流阻率不同的景观模型。其中，流阻率数值如下：120000Pa·s/m^3（R_4-1）、160000Pa·s/m^3（R_4-2）、20000Pa·s/m^3（R_4-3）、240000Pa·s/m^3（R_4-4），孔隙率均设置为 0.6，而且所有模型中的声源位置和声功率均一致。在对低频交通声的掩蔽效应方面，不同流阻率下的乔木景观（R_4）对低频声场的影响并未表现出明显的差异，如表 5-26 所示。在对 63Hz 和 125Hz 频率交通声的掩蔽效应值方面，4 组模型的模拟结果差值仅在 0～0.1dB（A）范围内。

景观 R_4 在各频率的掩蔽效应值　单位：dB（A）　　表 5-26

声频率	R_4-1	R_4-2	R_4-3	R_4-4
63Hz	3.5	3.6	3.6	3.5
125Hz	7.1	7.1	7.2	7.2
250Hz	6.7	6.4	6.3	6.2
500Hz	−0.8	−1.0	−1.1	−1.3
1000Hz	0.3	0	−0.1	−0.3
2000Hz	1.1	1.1	1.2	1.2

在对中频交通声的掩蔽效应方面，流阻率参数并未明显影响中频声场分布，而且 4 组乔木景观模型对中频交通声的掩蔽效应差异也较小，其差值仅在 0.1 ~ 0.5dB（A）范围内。其中，景观 R_4-1 对中频交通声的掩蔽效应值最高，对 250Hz 和 500Hz 频率交通声的掩蔽效应值分别是 6.7dB（A）和 −0.8dB（A）。

在对高频交通声的掩蔽效应方面，流阻率差异下的高频声场分布无明显差异。各乔木景观模型对高频交通声的掩蔽效应的差异也较小，其差值仅在 0.1 ~ 0.6dB（A）范围内。其中，景观 R_4-1 对高频交通声的掩蔽效应最好，其对 1000Hz 频率交通声的掩蔽效应值为 0.3dB（A）。景观 R_4-3 和 R_4-4 对 2000Hz 频率交通声的掩蔽效应值最高，为 1.2dB（A）。

本书又探讨了流阻率差异下灌木景观（R_5）对交通声的声能量掩蔽效应，其模拟条件与乔木景观模型的模拟条件一致。在对低频交通声的掩蔽效应方面，灌木景观的模拟结果中并未显示出明显的声场变化，如表 5-27 所示。其中，景观 R_5-3 和 R_5-4 对 63Hz 频率交通声的掩蔽效应值最高，为 4.3dB（A），但仅比景观 R_5-1 和 R_5-2 的掩蔽效应值高 0.2dB（A）。而景观 R_5-1 ~ R_5-4 对 125Hz 频率交通声的掩蔽效应值均为 4.8dB（A）。

景观 R_5 在各频率的掩蔽效应值　单位：dB（A）　　表 5-27

声频率	R_5-1	R_5-2	R_5-3	R_5-4
63Hz	4.1	4.1	4.3	4.3
125Hz	4.8	4.8	4.8	4.8

声频率	R_5-1	R_5-2	R_5-3	R_5-4
250Hz	19.2	22.4	25.2	27.4
500Hz	9.4	8.6	8.1	7.8
1000Hz	6.0	5.1	4.5	4.1
2000Hz	12.9	12.0	11.2	10.7

在对中频交通声的掩蔽效应方面，景观 R_5-1 ~ R_5-4 对中频交通声场分布的影响无明显差异。在对 250Hz 频率交通声的掩蔽效应方面，流阻率与景观的掩蔽效应值呈现出正相关关系。其中，景观 R_5-4 的掩蔽效应值最高为 27.4dB（A），景观 R_5-1 的掩蔽效应值最低，为 19.2dB（A）。而在对 500Hz 频率交通声的掩蔽方面，流阻率与景观的掩蔽效应值呈现负相关关系。其中，景观 R_5-1 的掩蔽效应值最高，达到了 9.8dB（A），而景观 R_5-4 的掩蔽效应值最低，为 7.8dB（A）。

在对高频交通声的掩蔽效应方面，景观 R_5-1 ~ R_5-4 对高频交通声场分布的影响也无明显差异。随着流阻率的增加，景观对高频交通声的掩蔽效应值随之降低。其中，景观 R_5-1 对 1000Hz 频率交通声的掩蔽效应值最高，为 6.0dB（A），而景观 R_5-4 对 1000Hz 频率交通声的掩蔽效应值最低，仅为 4.1dB（A）。景观 R_5-1 对 2000Hz 频率交通声的掩蔽效应值也最高，为 12.9dB（A），比景观 R_5-4 的掩蔽效应值高 2.2dB（A）。

在孔隙率对景观声能量掩蔽效应的影响方面，建立了孔隙率差异下，乔木景观和灌木景观对交通声的声能量掩蔽效应模型。在乔木景观中，共设置了 4 组孔隙率不同的乔木景观模型。其中，模型中所设置的孔隙率分别是：0.2（R_6-1）、0.4（R_6-2）、0.6（R_6-3）、0.8（R_6-4），流阻率均设置为 120000Pa·s/m³，而且所有模型中的声源位置和声功率均一致。在对低频交通声的掩蔽效应方面，4 组乔木景观模型对低频声场的影响无明显差异（表 5-28），同时，这些景观模型对低频交通声的掩蔽效应值也无明显差异，其差值仅在 0 ~ 0.3dB（A）范围内。

景观 R_6 在各频率的掩蔽效应值   单位：dB（A）   表 5-28

声频率	R_6-1	R_6-2	R_6-3	R_6-4
63Hz	3.4	3.5	3.5	3.5
125Hz	6.9	6.9	7.1	7.2
250Hz	5.7	6.3	6.7	6.8
500Hz	−1.1	−1.0	−0.8	−0.5
1000Hz	0	0.3	0.3	0.1
2000Hz	3.2	1.9	1.1	0.6

在对中频交通声的掩蔽效应方面，4 组乔木景观模型对中频交通声场的影响差异较小。随着孔隙率的增加，景观 R_6 对中频交通声的掩蔽效应值呈上升趋势。其中，景观 R_6-1 对 250Hz 频率交通声的掩蔽效应值最低，为 5.7dB（A），景观 R_6-4 对 250Hz 频率交通声的掩蔽效应值最高，为 6.8dB（A）。而景观 R_6-1 对 500Hz 频率交通声的掩蔽效应值仅有 −1.1dB（A），并比景观 R_6-4 的掩蔽效应值低 0.6dB（A）。

在对高频交通声的掩蔽效应方面，4 组乔木景观模型对高频交通声场的影响差异较大，尤其是对 2000Hz 频率交通声场的影响。其中，景观 R_6-2 和 R_6-3 对 1000Hz 频率交通声的掩蔽效应值最高，为 0.3dB（A），但仅比景观 R_6-1 和 R_6-4 的掩蔽效应值分别高 0.3dB（A）和 0.2dB（A）。随着孔隙率的增加，景观 R_6 对 2000Hz 频率交通声的掩蔽效应值也随之增加。其中，景观 R_6-1 对 2000Hz 频率交通声的掩蔽效应值最高，为 3.2dB（A），而景观 R_6-4 的掩蔽效应值仅为 0.6dB（A）。

在灌木景观中，设置了 4 组不同孔隙率的灌木景观模型。其中，模型中所设置的孔隙率分别是：0.2（R_7-1）、0.4（R_7-2）、0.6（R_7-3）、0.8（R_7-4），流阻率均设置为 120000Pa·s/m^3，而且所有模型中的声源位置和声功率均一致。在对低频交通声的掩蔽效应方面，这些模型中的低频交通声场的差异较小，如表 5-29 所示。随着孔隙率的增加，景观 R_7 对 63Hz 频率交通声的掩蔽效应值随之降低，而景观 R_7 对 125Hz 频率交通声的掩蔽效应值呈上升趋势。但是，孔隙率对景观的掩蔽效应影响较小。其中，景观 R_7-1 对 63Hz 频率交通声的掩蔽效应值最高为 4.5dB（A），但仅比景观 R_7-4 的掩蔽效应值高出 0.6dB（A）。景观 R$_7$-1 对 125Hz 频率交通声的掩蔽效应值最低为 4.4dB（A），但仅比景观 R$_7$-4 的掩蔽效应值低 0.7dB（A）。

景观 R$_7$ 在各频率的掩蔽效应值　单位：dB（A）　　　表 5-29

声频率	R$_7$-1	R$_7$-2	R$_7$-3	R$_7$-4
63Hz	4.5	4.2	4.1	3.9
125Hz	4.4	4.6	4.8	5.1
250Hz	21.0	19.4	19.2	19.6
500Hz	8.3	9.3	9.4	9.5
1000Hz	4.3	5.2	6.0	6.6
2000Hz	8.5	8.3	12.9	14.5

在对中频交通声的掩蔽效应方面，4 组模型对中频交通声场的影响差异较小。其中，景观 R$_7$-1 对 250Hz 频率交通声的掩蔽效应值最高，为 21.0dB（A），景观 R$_7$-3 对 250Hz 频率交通声的掩蔽效应值最低，为 19.2dB（A）。景观 R$_7$-4 对 500Hz 频率交通声的掩蔽效应值最高，为 9.5dB（A），比景观 R$_7$-1 的掩蔽效应值高出 1.2dB（A）。

在对高频交通声的掩蔽效应方面，4 组模型对高频交通声场的影响存在一些差异。随着孔隙率的增加，景观 R$_7$ 对 1000Hz 频率交通声的掩蔽效应值也随之增加。其中，景观 R$_7$-4 对 1000Hz 频率交通声的掩蔽效应值最高，为 6.6dB（A），比景观 R$_7$-1 的掩蔽效应值高 2.3dB（A）。景观 R$_7$-4 对 2000Hz 频率交通声的掩蔽效应也最高，高达 14.5dB（A），比景观 R$_7$-2 的掩蔽效应值高出 6.2dB（A）。

综上所述，对于乔木景观而言，流阻率对乔木景观的掩蔽效应的影响并不明显，而就灌木景观而言，流阻率对灌木景观的掩蔽效应具有一定的影响，但这种影响仅在中频和高频交通声场中较为明显。孔隙率对乔木景观的掩蔽效应影响也较小，而孔隙率对灌木景观的掩蔽效应影响相对大些，但仅限在高频交通声场中。

5.3 本章小结

本章首先应用声能量掩蔽效应的现场测量法，识别了影响声能量掩蔽效应的刚性景观参数和柔性景观参数，然后应用声能量掩蔽效应的计算机模拟法分别建立了刚性景观参数与声能量掩蔽效应之间的关系，柔性景观参数与声能量掩蔽效应之间的关系。

在景观因素的现场识别中，刚性坡面景观、刚性梯面景观、柔性水平景观、柔性垂直景观中的潜在景观因素有：景观构造坡度、景观构造高度、景观构造形式、景观材质类型。

在景观参数的模拟实验中，就刚性景观参数而言，景观构造形式、景观构造高度对各频率交通声的掩蔽效应影响均存在显著差异，而景观构造坡度对掩蔽效应的影响并不明显。其中，下降式坡面景观对低频声的掩蔽效应明显优于上升式坡面景观的掩蔽效应，上升式梯面景观和坡面景观对中频声的掩蔽效应最好，下降式梯面景观和坡面景观对高频声的掩蔽效应最好。就柔性景观参数而言，景观的材质类型在垂直式景观中的作用效果较为明显，而在水平式景观中无明显效果。流阻率和孔隙率能够明显影响灌木景观的掩蔽效应，而对乔木景观的影响相对较小。

第 6 章

城市疗愈公园声景观的
优化设计探讨

　　在对哈尔滨市典型城市公园进行调研的过程中，本书发现城市公园临近交通干道的常用景观形式有：水平式硬质地面、草坪、花地，带有坡度的硬质地面、草坪、花地，硬质台阶、乔木、灌木等。其中，水平式硬质地面指的是水平方向上平行于交通干道，且材质为混凝土或水泥的地面景观，在城市公园设计时被用来作为居民或游客使用的公园入口或公园广场。

　　·在城市疗愈公园声环境设计和优化方面，本书提出了改善心理健康的梯面形式景观、乔木景观、灌木景观的设计和优化思路。

　　·本章根据景观参数的模拟实验结果，主要讨论了水平式地面、硬质台阶（刚性梯面景观）、乔木景观、灌木景观（柔性垂直景观）能否满足使用者达到良好心理健康状态的要求，并通过设计和改造景观使未能达到良好心理健康状态的景观达到要求。

6.1 刚性梯面景观的优化设计

6.1.1 交通声能量与心理健康的关系

在探讨改善心理健康的景观参数之前，本书首先根据第四章声信息掩蔽效应的研究结果建立了交通声能量与使用者心理健康之间的线性关系：

$$y=ax+b \qquad （公式 6-1）$$

其中，y 表示心理健康值，x 表示各频率的交通声压级，a 表示该线性方程的趋势方向（表 6-1），b 为常数项（表 6-2）。

结果显示，心理健康值与各频率交通声压级均表现为负相关关系。

交通声能量与心理健康公式中的系数 a 表 6-1

声频率	愉悦—沮丧	放松—焦虑	精力—疲惫	集中—分心
63Hz	−0.068	−0.100	−0.056	−0.072
125Hz	−0.069	−0.101	−0.057	−0.073
250Hz	−0.070	−0.103	−0.057	−0.074
500Hz	−0.070	−0.102	−0.057	−0.074
1000Hz	−0.070	−0.102	−0.057	−0.074
2000Hz	−0.071	−0.103	−0.058	−0.075

交通声能量与心理健康公式中的常数 b 表 6-2

声频率	愉悦—沮丧值	放松—焦虑值	精力—疲惫值	集中—分心值
63Hz	2.005	3.174	1.373	1.869
125Hz	2.030	3.202	1.389	1.896
250Hz	2.638	4.096	1.890	2.544
500Hz	3.043	4.686	2.219	2.970
1000Hz	3.662	5.593	2.726	3.626
2000Hz	3.120	4.808	2.289	3.059

　　本书中的良好心理健康状态指的是心理健康值（包括情绪层面和认知层面的心理健康值）大于或等于0时，使用者的心理健康状态。评价城市疗愈公园景观能够满足使用者达到良好心理健康状态的指标则是使用者的心理健康值大于或等于0时，所对应的交通声压级。所以，根据交通声能量与使用者心理健康之间的公式，给出了达到良好心理健康状态时的各频率交通声压级的临界值，如表6-3所示，这些临界值分别是当心理健康值为0时，所对应的各个频率的交通声压级。例如，当63Hz频率的交通声压级低于或等于31.6dB（A）时，表示该景观能够满足使用者达到良好的放松—焦虑的心理健康状态，但并不表示其可以达到情绪层面的良好心理健康状态。而当63Hz频率的交通声压级低于或等于29.3dB（A）时，才表示该景观能够满足使用者达到情绪层面的良好心理健康状态的要求。这是因为在情绪层面的心理健康中，使用者在愉悦—沮丧层面的容忍程度低于放松—焦虑层面的容忍程度。因此，判断城市疗愈公园景观是否满足使用者达到情绪层面的良好心理健康状态的依据是其能否达到愉悦—沮丧的良好心理健康状态。同理，判断城市疗愈公园景观是否满足使用者达到认知层面的良好心理健康状态的依据是其能否达到精力—疲惫层面的良好心理健康状态。

满足良好心理健康状态的交通声压级　　　　　　　　表6-3

声频率	愉悦—沮丧值	放松—焦虑值	精力—疲惫值	集中—分心值
63Hz	29.3	31.6	24.5	25.8
125Hz	29.4	31.6	24.5	25.9
250Hz	37.7	39.9	32.9	34.3
500Hz	43.7	46.0	38.9	40.3
1000Hz	52.6	54.9	47.8	49.2
2000Hz	44.3	46.5	39.5	40.9

6.1.2　刚性梯面景观的优化设计

　　为了检验水平式地面景观是否能够满足使用者达到良好心理健康状态的要

求，本书建立了水平式地面景观的声能量掩蔽模型。当景观无法满足使用者达到良好心理健康状态时，通过增加交通干道与景观之间的距离，可以使交通声的声能量得到充分的衰减，从而提高使用者的心理健康值。所以，在每个景观模型中，交通声源距离景观的距离被分别设置为 5.0m、5.5m、6.0m、6.5m、7.0m、7.5m、8.0m、8.5m、9.0m、9.5m、10.0m。其中，交通声源距离景观的最短距离为 5.0m，这样设置的目的在于考虑到公园设计红线和应急车道的宽度。

在建立水平式地面景观的声能量掩蔽模型的过程中，首先选择了水平式硬质地面和水平式草坪作为研究对象，而水平式花地未被选作研究对象是因为根据城市公园声能量掩蔽现场研究的结果，草坪和花地这两种景观在对交通声的声能量掩蔽效应方面无明显差异。然后，在每个景观模型中分别设置相同声功率，相同声源高度，但与景观的距离不同的交通声源。结果显示，在距离景观 5.0~10.0m 范围内，这两个景观模型均未能满足使用者达到良好心理健康状态的要求。

为了优化水平式地面景观从而使其满足使用者达到良好心理健康状态的要求，通过调节水平式地面景观的柔性景观参数，即景观材质类型，以期达到使其满足要求的目的。在优化过程中，所选用的景观材质类型包括矿棉、玻璃纤维和土壤，模型参数与优化之前的模型参数保持一致。结果显示，在距离景观 5.0~10.0m 范围内，所有景观模型均未能满足使用者达到良好心理健康状态的要求（模拟结果参考附录 2）。

本书又通过改变景观构造形式和景观构造高度的方式对水平式地面景观进行了优化设计，从而满足使用者达到良好心理健康状态的要求。在景观模型的建立过程中，本书选用了梯面构造形式。坡面构造形式未被选用的原因包括以下几点：首先，能够作为交通枢纽的坡面形式景观的坡度相当有限，而且根据刚性景观参数与声能量掩蔽效应之间的关系研究结果，坡度的差异并不会明显影响景观的声能量掩蔽效应；此外，梯面构造形式不但可以达到较高的高度，而且梯面高度在 0.1~0.15m 范围的梯面形式景观还可以作为连接交通干道和城市公园的枢纽供居民和游客使用。所以，选择梯面构造形式进行优化设计较为合理。在优化过程中，景观模型所需设置的刚性景观参数有梯面高度、梯面数量和有无休憩平台（表6-4）。此外，上升式和下降式的景观构造形式因素也被考虑在刚性景观参数的设置中。结果显示，在景观 T_1-1 ~ T_1-4 中，所有景观模型均不满足使用者达到良好心理健康状态的要求。这是因为在交通声源距离景观 5.0 ~ 10.0m 范围内，所有景观模型均无法有效掩蔽 125Hz 和 2000Hz 频率交通声的声能量。因此，通过调节景观材质类型、景观构造形式、景观构造高度优化水平式地面景观，从而满足使用者达到良好心理健康状态要求的优化设计方案无法实现。

刚性梯面景观 T_1 的景观参数   表 6-4

景观标号	T_1-1	T_1-2	T_1-3	T_1-4
景观剖面构造				
有无休憩平台	无	无	有	有
梯面高度（m）	0.1	0.1	0.1	0.1
梯面宽度（m）	0.3	0.3	0.3	0.3
梯面数量（级）	5	5	5	5
景观构造形式	上升式	上升式	下降式	下降式
交通声源有效距离 *（m）	/	/	/	/

注：* 表示满足良好心理健康状态的交通声源与景观之间的距离

根据刚性景观参数对声能量掩蔽效应的影响研究结果，增加梯面形式景观的高度 0.5m（即 5 级梯面数量）后，景观对 125Hz 和 2000Hz 频率交通声的掩蔽效应明显得到了改善。因此，通过对景观 T_1-1 和 T_1-2 进行增加 5 级梯面数量的处理，对这两个景观进行了优化设计。最终，建立了 4 组景观模型（T_2-1 ~ T_2-4，表 6-5）。其中，景观模型的梯面宽度均为 0.3m，梯面高度均为 0.1m，梯面数量均为 10 级。同时，考虑了上升式、下降式的景观构造形式和有无休憩平台的影响。结果显示，上升式刚性梯面景观（T_2-1 和 T_2-2）不满足使用者达到良好心理健康状态的要求。而下降式刚性梯面景观（T_2-3 和 T_2-4）均达到了使用者在情绪层面的良好心理健康状态要求，但未能满足使用者在认知层面的良好心理健康状态要求。其中，景观 T_2-3 的交通声源有效距离在 8.5 ~ 9.5m 范围内，而景观 T_2-4 的交通声源有效距离在 8.5～9.0m 范围内。因此，无休憩平台的刚性梯面景观对满足使用者达到良好心理健康状态更具有优势。

刚性梯面景观 T_2 的景观参数　　　　　　　　表 6-5

景观标号	T_2-1	T_2-2	T_2-3	T_2-4
景观剖面构造				
有无休憩平台	无	有	无	有
梯面高度（m）	0.1	0.1	0.1	0.1
梯面宽度（m）	0.3	0.3	0.3	0.3
梯面数量（级）	10	10	10	10
景观构造形式	上升式	上升式	下降式	下降式
交通声源有效距离 *（m）	/	/	8.5～9.5	8.5～9.0

注：* 表示满足良好心理健康状态的交通声源与景观之间的距离

　　为了使刚性梯面景观满足使用者达到认知层面的良好心理健康状态的要求，在刚性梯面景观 T_2 的基础上，将景观模型的梯面高度由 0.1m 增加至 0.15m，其他设置条件不变（表 6-6）。这种景观优化的原因在于根据刚性景观参数对声能量掩蔽效应的影响研究结果，增加梯面高度可以改善上升式刚性梯面景观对 250Hz 和 1000Hz 频率交通声的掩蔽效应，也可以改善下降式刚性梯面景观对 63Hz、500Hz、2000Hz 频率交通声的掩蔽效应。然而，结果显示上升式梯面形式景观（T_3-1 和 T_3-2）均不满足使用者达到良好心理健康状态的要求。而下降式梯面形式景观（T_3-3 和 T_3-4）均达到了使用者在情绪层面的良好心理健康状态要求，但仍未能满足使用者在认知层面的良好心理健康状态要求。其中，景观 T_3-3 的交通声源有效距离在 7.0m、9.0～10.0m 范围内，而景观 T_3-4 的交通声源有效距离在 7.5m、9.0～10.0m 范围内。因此，无休憩平台的刚性梯面景观对满足使用者达到良好心理健康状态更具有优势。

刚性梯面景观 T_3 的景观参数　　　　表 6-6

景观标号	T_3-1	T_3-2	T_3-3	T_3-4
景观剖面构造				
有无休憩平台	无	有	无	有
梯面高度（m）	0.15	0.15	0.15	0.15
梯面宽度（m）	0.3	0.3	0.3	0.3
梯面数量（级）	10	10	10	10
景观构造形式	上升式	上升式	下降式	下降式
交通声源有效距离 *（m）	/	/	7.0；9.0～10.0	7.5；9.0～10.0

注：* 表示满足良好心理健康状态的交通声源与景观之间的距离

6.2　柔性垂直景观的优化设计

6.2.1　乔木景观的优化设计

为了验证乔木景观能否满足使用者达到良好心理健康状态的要求，本书建立了 6 组乔木景观的声能量掩蔽模型。在景观模型中，乔木景观所在地面的高度与交通干道高度保持一致，所选用的材质为较为稀疏的乔木材质，其流阻率和孔隙率分别是 120000Pa·s/m³ 和 0.8，交通声源与景观的距离在 5.0～10.0m 范围内。结果显示，乔木景观并不能满足使用者达到良好心理健康状态的要求。为了使乔木景观满足要求，本书通过改变乔木景观的构造高度的方式对其进行了优化设计。共设置了 6 组乔木景观模型（表 6-7），模型中的流阻率和孔隙率均设置为 120000Pa·s/m³ 和 0.8，交通声源与景观的距离在 5.0～10.0m 范围内。在这 6 组乔木景观模型中，景观距离交通声源的高度不变，而接收点高度被分别升高或降低了 0.5m、1.0m、1.5m。未通过调节乔木景观的柔性景观参数（如流阻率和孔隙率）进行优化设计的原因是，根据柔性景观参数对景观声能量掩蔽效应的影响研究结果，流阻率和孔隙率对乔木景观的掩蔽效应影响较小。

乔木景观 Q_1 的景观参数　　　　　　　　　　　　　　　　表 6-7

景观标号	Q_1-1	Q_1-2	Q_1-3	Q_1-4	Q_1-5	Q_1-6
景观剖面构造						
流阻率（Pa·s/m³）	120000	120000	120000	120000	120000	120000
孔隙率	0.8	0.8	0.8	0.8	0.8	0.8
距离交通声源的高度（m）	0	0	0	0	0	0
距离接收点的高度（m）	−0.5	−1.0	−1.5	0.5	1.0	1.5
交通声源有效距离*（m）	10.0	9.0	9.0~10.0	/	/	9.0~10.0

注：* 表示满足良好心理健康状态的交通声源与景观之间的距离

结果显示，景观 Q_1-1 ~ Q_1-3 均达到了情绪层面的良好心理健康状态的要求，但并未满足认知层面的良好心理健康状态的要求。其中，接收点高度上升 1.0m 的乔木景观（Q_1-2）比接收点高度上升 0.5m 的乔木景观（Q_1-1）的交通声源有效距离短 1.0m，这表明与景观 Q_1-1 相比，景观 Q_1-2 在满足使用者达到情绪层面的良好心理健康状态方面更有优势。而与景观 Q_1-2 相比，景观 Q_1-3 的优势更为明显，其交通声源的有效距离在 9.0 ~ 10.0m 范围内。景观 Q_1-4 和 Q_1-5 并不满足使用者达到良好心理健康状态的要求，但景观 Q_1-6 达到了使用者在情绪层面的良好心理健康状态的要求。此外，景观 Q_1-6 具有与景观 Q_1-3 相同的交通声源有效距离范围。

为了使乔木景观 Q_1 满足使用者达到认知层面的良好心理健康状态的要求，通过调节景观构造高度的方式对其进行了优化设计。在乔木景观 Q_1 的基础上，分别建立了 6 组乔木景观的声能量掩蔽模型。模型中的流阻率和孔隙率依然为 120000Pa·s/m³ 和 0.8，交通声源与景观的距离被设置在 5.0 ~ 10.0m 范围内（表 6-8）。接收点高度与乔木景观 Q_1 的接收点高度保持一致，而景观距离交通声源的高度被分别升高或降低了 0.5m、1.0m、1.5m，如表 6-8 所示。结果显示，

景观 Q_2-1 ~ Q_2-5 均未能满足使用者达到良好心理健康状态的要求。而当交通声源距离景观 5.5 ~ 10.0m 范围时，景观 Q_2-6 满足了使用者在情绪层面的良好心理健康状态的要求。当交通声源距离景观 10.0m 时，景观 Q_2-6 能够满足使用者达到认知层面的良好心理健康状态的要求。

乔木景观 Q_2 的景观参数　　　　表 6-8

景观标号	Q_2-1	Q_2-2	Q_2-3	Q_2-4	Q_2-5	Q_2-6
景观剖面构造						
流阻率（Pa·s/m³）	120000	120000	120000	120000	120000	120000
孔隙率	0.8	0.8	0.8	0.8	0.8	0.8
距离交通声源的高度（m）	0.5	1.0	1.5	−0.5	−1.0	−1.5
距离接收点的高度（m）	0	0	0	0	0	0
交通声源有效距离 *（m）	/	/	/	/	/	5.5 ~ 10.0

注：* 表示满足良好心理健康状态的交通声源与景观之间的距离

6.2.2　灌木景观的优化设计

为了验证灌木景观能否满足使用者达到良好心理健康状态的要求，首先建立了 6 组灌木景观的声能量掩蔽效应模型。其中，模型的流阻率和孔隙率为 120000Pa·s/m³ 和 0.8，交通声源与景观的距离被设置在 5.0 ~ 10.0m 范围内，景观构造高度与交通干道高度保持一致（表 6-9）。结果显示，当交通声源与灌木景观的距离在 7.0 ~ 8.0m 范围内时，灌木景观能够满足使用者达到情绪层面的良好心理健康状态的要求。为了使灌木景观能够满足使用者达到认知层面的良好心理健康状态的要求，在此基础上，通过调节接收点高度的方式对灌木景观进行了优化设计。其中，景观 G_1-1 ~ G_1-3 的接收点高度被分别设置为 0.5m、

1.0m、1.5m，景观 G_1-4 ~ G_1-6 的接收点高度被分别设置为 –0.5m、–1.0m、–1.5m。结果显示，景观 G_1-1 ~ G_1-6 均能够在不同程度上满足使用者达到情绪层面的良好心理健康状态的要求，但依然无法使其满足使用者达到认知层面的良好心理健康状态的要求。

灌木景观 G_1 的景观参数　　　　　表 6-9

景观标号	G_1-1	G_1-2	G_1-3	G_1-4	G_1-5	G_1-6
景观剖面构造						
流阻率（Pa·s/m³）	120000	120000	120000	120000	120000	120000
孔隙率	0.8	0.8	0.8	0.8	0.8	0.8
距离交通声源的高度（m）	0	0	0	0	0	0
距离接收点的高度（m）	–0.5	–1.0	–1.5	0.5	1.0	1.5
交通声源有效距离*（m）	9.0	7.5；9.0 ~ 10.0	7.5；9.0	7.5 ~ 9.0	9.0 ~ 10.0	5.0；6.0；7.5；9.0 ~ 10.0

注：* 表示满足良好心理健康状态的交通声源与景观之间的距离

　　为了满足使用者达到认知层面的良好心理健康状态的要求，对灌木景观 G_1 的景观构造高度进行了优化设计。在灌木景观 G_1 的基础上，分别建立了 6 组灌木景观的声能量掩蔽模型。模型中的流阻率和孔隙率依然为 120000Pa·s/m³ 和 0.8，交通声源与灌木景观的距离被设置在 5.0 ~ 10.0m 范围内（表 6-10）。景观构造高度被分别升高或降低了 0.5m、1.0m、1.5m，接收点高度与景观构造高度保持一致。结果显示，景观 G_2-1 ~ G_2-6 均满足使用者达到情绪层面的良好心理健康状态的要求，但仅有景观 G_2-5 和 G_2-6 满足使用者达到认知层面的良好心理健康状态的要求。

灌木景观 G₂ 的景观参数   表 6-10

景观标号	G_2-1	G_2-2	G_2-3	G_2-4	G_2-5	G_2-6
景观剖面构造						
流阻率（Pa·s/m³）	120000	120000	120000	120000	120000	120000
孔隙率	0.8	0.8	0.8	0.8	0.8	0.8
距离交通声源的高度（m）	0.5	1.0	1.5	−0.5	−1.0	−1.5
距离接收点的高度（m）	0	0	0	0	0	0
交通声源有效距离 *（m）	7.5	10.0	7.5；9.5 ~ 10.0	7.0；8.0 ~ 9.0	5.5 ~ 10.0	6.5 ~ 8.0；10.0

注：* 表示满足良好心理健康状态的交通声源与景观之间的距离

6.3 本章小结

本章应用前文研究结果，提炼出了交通声能量与心理健康之间的关系，并分别对刚性梯面景观、柔性垂直景观进行了基于使用者心理健康的设计和优化，真实准确地反映出了使用者的心理感受。

在城市公园景观的优化设计中，对于刚性梯面景观而言，降低景观高度（1.0m）和接收点高度（1.0m）能够满足使用者达到情绪层面的良好心理健康状态的要求，而且无休憩平台的刚性梯面景观比有休憩平台的刚性梯面景观更具有优势。对于柔性垂直景观而言，降低乔木景观构造高度（1.5m）和降低灌木景观构造高度（1.0m）均能够满足使用者达到认知层面的良好心理健康状态的要求。

结　论

　　城市疗愈公园是为城市居民提供休闲娱乐和改善身心健康的重要场所，城市公园中的声源和景观不但可以掩蔽交通声的声信息和声能量，同时能够改善使用者的心理健康状态。本书结合现场声景实测、实验室声信息实验、计算机声能量模拟等方法，探索了城市疗愈公园声景掩蔽因素和声掩蔽效应机制。其中，城市疗愈公园声掩蔽效应的现场实测研究不仅为声掩蔽效应的实验室研究和模拟辅助研究奠定了基础，而且为城市公园声环境研究、城市公园声环境设计标准提供了理论基础。城市疗愈公园声掩蔽效应的实验室研究为城市公园声环境的优化设计提供了数据支撑。城市疗愈公园声掩蔽效应的模拟研究为城市公园声环境的优化设计提供了参数，同时为有效解决人与环境的矛盾问题创造了条件。

　　本书的主要结论如下：

　　（1）在城市疗愈公园声景掩蔽因素的现场分析中，首先，通过心理漫步的调查与实施，确定了影响城市公园使用者心理健康的声感知因素和声环境因素。其次，采用多元回归分析法，计算出了各声景掩蔽因素的权重，筛选出了自然声环境中的交通声比例（权重值 0.860）和音乐声环境中的声舒适度（权重值 0.720）。最后，根据权重分析结果，建立了声景掩蔽因素与心理健康之间的线性回归方程，并最终得出了声感知掩蔽阈值和声环境掩蔽阈值。

　　（2）在城市疗愈公园声掩蔽效应的实验分析中，通过声信息掩蔽效应实验，得出了达到良好情绪层面和认知层面心理健康状态的条件，分别是控制交通声压级在 58.1dB（A）以下和在 52.8dB（A）以下。然后通过方差分析，分别计算出了达到良好心理健康状态的最佳声源构成比例。其中，当鸟叫声压级比交通声压级高出 5.0dB（A）时，其掩蔽效应最好。55.0 ~ 65.0dB（A）的乐器类音乐声均能显著掩蔽 60.0dB（A）的交通声信息。最后，检验了活动声在城市公园声环境中的重要性。

（3）在城市疗愈公园声掩蔽效应的模拟辅助分析中，首先，在现场刚性景观和柔性景观中识别了影响声能量掩蔽效应的潜在景观因素。在此基础上，利用 COMSOL 多物理场模拟软件建立了景观参数与声能量掩蔽效应之间的关系，得出了景观构造形式、景观构造高度、景观材质类型、流阻率、孔隙率的优化设计参数。最后，本书根据交通声能量与心理健康之间的关系，提出了改善使用者心理健康状态的声环境优化设计参数。

本书取得了下列创新性研究成果：

（1）提出了心理漫步法，并采用其识别了影响城市疗愈公园使用者心理健康的声景掩蔽因素，并计算出了声景权重和声景阈值。

（2）揭示了城市疗愈公园声信息掩蔽效应机制，并得出了基于心理健康的主导声源的类型与声压级的最佳构成比例。

（3）建立了声能量掩蔽效应模型，解决了城市疗愈公园景观声学参数设计优化问题。

未来科研展望与讨论：

（1）本书基于心理健康的城市疗愈公园声掩蔽效应研究，分别在微观、中观、宏观层面上，提出了改善使用者心理健康状态的声环境优化设计方案。例如，就微观设计层面而言，本书给出了城市公园景观的设计参数，如景观构造高度、流阻率、孔隙率。就中观设计层面而言，本书阐述了城市公园外侧景观与交通干道的有效距离。就宏观设计层面设计而言，本书提出了公园中的水景应该尽量配置在远离交通干道的位置（因为在以交通声为特征的声环境中，水流声能够降低使用者的心理健康评价）。本书提出的优化设计方案主要是针对城市公园外围（城市公园接近交通干道的部分）的声环境。在实验实施的过程中，尽管本书尽量避免了城市公园内部声源的干扰，但城市公园内部的声环境问题依然无法忽视。因此，接下来的研究将综合考虑城市公园外部和内部的声学问题，以期能够提出改善城市公园声环境的总体策略。

（2）本书研究了不同类型和不同声压级的鸟叫声对交通声的声信息掩蔽效应，在城市公园中配置鸟叫声能够明显改善使用者的心理健康状态。但是，配置鸟叫声需要考虑鸟类的栖息性和植被的生态性。文中所涉及的鸟叫声压级是通过声学编辑软件进行调节的。在实际案例中，通过调节鸟叫声压级从而掩蔽交通声的可行性相对较低。因此，作者将与鸟类研究学者和生态研究学者合作，探索鸟类种类和数量与鸟叫声压级之间的关系，通过合理配置景观的方式控制鸟类的种类和数量，从而调节城市公园中的鸟叫声压级，以达到掩蔽交通声的目的。

（3）本书研究了自然声环境和音乐声环境中，情境因素（活动声差异）对声信息掩蔽效应的影响。根据作者以往的研究结果，餐饮空间中人群密度与活动声压级存在显著的线性关系。所以，通过城市公园景观设计调节人群密度似乎是有效掩蔽交通声的可行方法。但目前关于城市公园中人群密度和活动声特征方面的研究依然存在一些空白。因此，在接下来的工作中，作者将就上述问题进行探索。

附录 1　丁香公园感知调查问卷

请您回答现在能听到下列声音的程度

声源感知	0	1	2	3	4
交通声	☐	☐	☐	☐	☐
音乐声	☐	☐	☐	☐	☐
施工声	☐	☐	☐	☐	☐
自然声	☐	☐	☐	☐	☐
虫鸣声	☐	☐	☐	☐	☐
活动声	☐	☐	☐	☐	☐

请您对环境作出评价

1. 请您对该场景中声环境的响度作出评价

很低	-4	-3	-2	-1	0	1	2	3	4	很响
	☐	☐	☐	☐	☐	☐	☐	☐	☐	

2. 请您对该场景中声环境的舒适度作出评价

很不舒适	-4	-3	-2	-1	0	1	2	3	4	非常舒适
	☐	☐	☐	☐	☐	☐	☐	☐	☐	

3. 请您对该场景中的视觉舒适度作出评价

很不舒适	-4	-3	-2	-1	0	1	2	3	4	非常舒适
	☐	☐	☐	☐	☐	☐	☐	☐	☐	

4. 请您对该场景中声环境的复杂性作出评价

非常单调	-4	-3	-2	-1	0	1	2	3	4	非常复杂
	☐	☐	☐	☐	☐	☐	☐	☐	☐	

5. 请您对该场景中的视觉复杂性作出评价

非常单调	-4	-3	-2	-1	0	1	2	3	4	非常复杂
	☐	☐	☐	☐	☐	☐	☐	☐	☐	

请您对心理感知作出评价

1. 请对您现在的心情作出评价（这的环境是否让您感到愉悦或沮丧）

	−4	−3	−2	−1	0	1	2	3	4	
沮丧 忧伤	☐	☐	☐	☐	☐	☐	☐	☐	☐	愉悦

2. 请对您现在的情绪状态作出评价（这的环境是否让您感到放松或紧张）

	−4	−3	−2	−1	0	1	2	3	4	
焦虑 紧张	☐	☐	☐	☐	☐	☐	☐	☐	☐	放松

3. 请对您现在的精力状态作出评价（这的环境是否让您感到有精神或疲惫）

	−4	−3	−2	−1	0	1	2	3	4	
疲惫	☐	☐	☐	☐	☐	☐	☐	☐	☐	精力 充沛

4. 请对您现在的注意力作出评价（这的环境是否让您忘记平日烦恼的事）

	−4	−3	−2	−1	0	1	2	3	4	
分心	☐	☐	☐	☐	☐	☐	☐	☐	☐	专注 警觉

附录 2　水平式地面景观的模拟结果

混凝土材质景观模拟结果（单位：dB）

声频率	交通声源与景观的距离（m）										
	3.5	4.0	4.5	5.0	5.5	6.0	6.5	7.0	7.5	8.0	8.5
63Hz	28.9	30.5	31.1	30.0	27.9	27.3	29.4	30.7	30.4	28.3	25.5
125Hz	29.8	31.3	26.2	25.3	27.3	25.8	31.4	31.3	31.5	34.0	31.8
250Hz	43.1	41.7	43.2	40.9	33.8	35.2	43.0	43.5	39.8	40.6	39.3
500Hz	46.9	43.8	45.5	46.2	42.4	45.8	43.5	45.1	43.2	44.4	43.6
1000Hz	54.4	54.6	54.5	54.2	54.1	53.9	54.2	54.1	54.2	54.5	54.1
2000Hz	48.7	48.6	48.4	48.2	47.9	47.7	47.4	47.2	46.9	46.7	46.4

草坪材质景观模拟结果（单位：dB）

声频率	交通声源与景观的距离（m）										
	3.5	4.0	4.5	5.0	5.5	6.0	6.5	7.0	7.5	8.0	8.5
63Hz	29.0	30.7	31.2	30.2	28.1	27.6	29.5	30.8	30.5	28.3	25.5
125Hz	29.0	30.3	24.6	25.1	27.4	26.4	31.5	31.3	31.1	33.5	31.2
250Hz	40.6	38.8	40.6	38.0	30.2	33.6	41.2	40.6	35.9	37.2	37.8
500Hz	44.8	43.6	43.8	45.1	42.6	44.5	42.7	45.4	42.1	43.9	43.8
1000Hz	55.2	55.4	55	54.6	54.8	54.5	54.5	54.8	54.8	54.8	54.7
2000Hz	46.7	48.2	48.1	47.9	47.7	47.6	47.4	47.1	46.9	46.7	46.5

矿棉材质景观模拟结果（单位：dB）

声频率	交通声源与景观的距离（m）										
	3.5	4.0	4.5	5.0	5.5	6.0	6.5	7.0	7.5	8.0	8.5
63Hz	28.9	30.5	31.0	30.0	27.9	27.4	29.5	30.8	30.5	28.4	25.6
125Hz	29.8	31.3	26.1	25.3	27.4	25.9	31.5	31.4	31.5	34.0	31.8
250Hz	43.0	41.6	43.3	41.1	33.7	35.6	43.3	43.4	39.6	40.4	39.7
500Hz	47.7	45.4	46.5	47.3	44.0	47.0	44.4	46.5	44.4	45.5	44.9
1000Hz	55.6	55.4	55.1	54.8	54.6	54.1	54.3	54.2	54.0	54.4	53.8
2000Hz	47.3	47.1	46.9	46.7	46.5	46.3	46.2	46.0	45.8	45.7	45.5

玻璃纤维材质景观模拟结果（单位：dB）

声频率	交通声源与景观的距离（m）										
	3.5	4.0	4.5	5.0	5.5	6.0	6.5	7.0	7.5	8.0	8.5
63Hz	28.9	30.5	31.0	30.0	27.9	27.4	29.5	30.8	30.5	28.4	25.6
125Hz	29.8	31.3	26.1	25.3	27.4	25.9	31.5	31.4	31.5	34.0	31.8
250Hz	43.0	41.6	43.3	41.1	33.7	35.6	43.3	43.4	39.6	40.4	39.8
500Hz	47.7	45.5	46.5	47.3	44.0	47.0	44.4	46.5	44.4	45.5	44.9
1000Hz	55.6	55.4	55.1	54.8	54.6	54.1	54.3	54.2	54.0	54.4	53.8
2000Hz	47.3	47.3	46.9	46.6	46.5	46.3	46.2	46.0	45.8	45.7	45.5

土壤材质景观模拟结果（单位：dB）

声频率	交通声源与景观的距离（m）										
	3.5	4.0	4.5	5.0	5.5	6.0	6.5	7.0	7.5	8.0	8.5
63Hz	29.0	30.7	31.2	30.2	28.1	27.5	29.5	30.9	30.6	28.4	25.6
125Hz	29.9	31.4	26.3	25.4	27.5	25.9	31.5	31.4	31.5	34.0	31.8
250Hz	42.9	41.5	43.2	41.0	33.7	35.2	43.0	43.4	39.6	40.4	39.4
500Hz	47.8	45.4	46.5	47.4	43.9	47.0	44.5	46.4	44.5	45.5	44.9
1000Hz	55.6	55.4	55.2	54.8	54.6	54.1	54.3	54.2	54.1	54.4	53.8
2000Hz	47.3	47.1	46.9	46.7	46.5	46.3	46.2	46.0	45.8	45.7	45.5

参考文献

[1] World Health Organization. Environmental noise guidelines for the European Region ［R］. Geneva: WHO, 2018.

[2] World Health Organization. Global burden of mental disorders and the need for a comprehensive, coordinated response from health and social sectors at the country level ［R］. Geneva: WHO, 2012.

[3] STENIUS K. Promoting mental health: Concepts, emerging evidence, practice ［J］. Addiction, 2010, 102（12）: 282-283.

[4] LIU Q, ZHANG Y, Lin Y, et al. The relationship between self-rated naturalness of university green space and students' restoration and health ［J］. Urban Forestry and Urban Greening, 2018, 34: 259-268.

[5] 刘晓宇，张婉莹，许郡婷，等. 生活事件对大学生焦虑和抑郁的影响 ［J］. 中国健康心理学杂志，2018，26（12）: 1906-1912.

[6] NADY R. Towards effective and sustainable urban parks in alexandria ［J］. Procedia Environmental Sciences, 2016, 34: 474-489.

[7] MARGARITIS E, KANG J. Relationship between urban green spaces and other features of urban morphology with traffic noise distribution ［J］. Urban Forestry and Urban Greening, 2016, 15: 174-185.

[8] VAN KEMPEN E, BABISCH W. The quantitative relationship between road traffic noise and hypertension: a meta-analysis ［J］. Journal of Hypertension, 2012, 30（6）: 1075-1086.

[9] LIU C, FUERTES E, TIESLER C M, et al. The associations between traffic-related

air pollution and noise with blood pressure in children: results from the GINIplus and LISAplus studies [J]. International Journal of Hygiene and Environmental Health, 2014, 217 (4-5): 499-505.

[10] SORENSEN M, ANDERSEN Z J, NORDSBORG R B, et al. Road traffic noise and incident myocardial infarction: a prospective cohort study [J]. Plos One, 2012, 7 (6): e39283.

[11] OZER S, IRMAK M A, YILMAZ H. Determination of roadside noise reduction effectiveness of Pinus sylvestris L. and Populus nigra L. in Erzurum, Turkey [J]. Environmental Monitoring and Assessment, 2008, 144 (1-3): 191-197.

[12] 黄婧,郭斌,郭新彪. 交通噪声对人群健康影响的研究进展 [J]. 北京大学学报（医学版）, 2015, 47 (3): 555-558.

[13] SALLIS J F, FLOYD M F, RODRIGUEZ D A, et al. Role of built environments in physical activity, obesity, and cardiovascular disease [J]. Circulation, 2012, 125 (5): 729-737.

[14] 谭少华, 孙雅文, 申纪泽. 城市公园环境对人群健康的影响研究: 基于感知与行为视角 [J]. 城市建筑, 2018, (24): 25-29.

[15] 李立峰, 谭少华. 主动式干预视角下城市公园促进人群健康绩效研究 [J]. 建筑与文化, 2016 (7): 189-191.

[16] SUGIYAMA T, CARVER A, KOOHSARI M J, et al. Advantages of public green spaces in enhancing population health [J]. Landscape and Urban Planning, 2018, 178: 12-17.

[17] KELLY P, KAHLMEIER S, GOTSCHI T, et al. Systematic review and meta-analysis of reduction in all-cause mortality from walking and cycling and shape of dose response relationship [J]. International Journal of Behavioral Nutrition and Physical Activity, 2014, 11 (1): 132.

[18] PESCHARDT K K, STIGSDOTTER U K. Associations between park characteristics and perceived restorativeness of small public urban green spaces [J]. Landscape and Urban Planning, 2013, 112: 26-39.

[19]   GRAHN P, STIGSDOTTER U K. The relation between perceived sensory dimensions of urban green space and stress restoration [J]. Landscape and Urban Planning, 2010, 94 (3-4): 264-275.

[20]   LEE A C, MAHESWARAN R. The health benefits of urban green spaces: a review of the evidence [J]. Journal of Public Health, 2011, 33 (2): 212-222.

[21]   PAYNE S R. The production of a perceived restorativeness soundscape scale [J]. Applied Acoustics, 2013, 74 (2): 255-263.

[22]   SHEPHERD D, WELCH D, DIKRS K N, et al. Do quiet areas afford greater health-related quality of life than noisy areas [J]. International Journal of Environmental Research and Public Health, 2013, 10 (4): 1284-1303.

[23]   KANG J. Noise management: soundscape approach [J]. Encyclopedia of Environmental Health, 2011: 174-184.

[24]   PAYNE S R. Are perceived soundscapes within urban parks restorative [J]. Journal of the Acoustical Society of America, 2008, 123 (5): 5521-5526.

[25]   MEDVEDEV O, SHEPHERD D, HAUTUS M J. The restorative potential of soundscapes: a physiological investigation [J]. Applied Acoustics, 2015, 96: 20-26.

[26]   马蕙, 王丹丹. 城市公园声景观要素及其初步定量化分析 [J]. 噪声与振动控制, 2012, 32 (1): 81-85.

[27]   刘江, 郁珊珊, 王亚军, 等. 城市公园景观与声景体验的交互作用研究 [J]. 中国园林, 2017, 33 (12): 86-90.

[28]   刘晶, 闫增峰, 赵星. 城市遗址公园声景观生态营建智慧研究 [J]. 中国园林, 2018, 34 (S1): 73-75.

[29]   潘雪, 翁辉斌, 欧达毅, 等. 城市公园声环境调研评价与优化设计探讨 [J]. 中外建筑, 2017 (2): 104-108.

[30]   AXELSSON O, NILSSON M, BERGLUND B. The Swedish soundscape quality protocol [J]. Journal of the Acoustical Society of America, 2012, 131 (131): 3476.

[31]   NILSSON M E, BERGLUND B. Soundscape quality in suburban green areas and

city parks［J］. Acta Acustica United with Acustica，2006，92（6）: 903-911.

[32] BERGLUND B，NILSSON M E. On a tool for measuring soundscape quality in urban residential areas［J］. Acta Acustica United with Acustica，2006，92（6）: 938-944.

[33] 张圆. 城市开放空间声景恢复性效益及声环境品质提升策略研究［J］. 新建筑，2014（5）: 18-21.

[34] KJELLGREN A，BUHRKALL H. A comparison of the restorative effect of a natural environment with that of a simulated natural environment［J］. Journal of Environmental Psychology，2010，30（4）: 464-472.

[35] DE KLUIZENAAR Y，JANSSEN S A，VOS H，et al. Road traffic noise and annoyance: a quantification of the effect of quiet side exposure at dwellings［J］. International Journal of Environmental Research and Public Health，2013，10（6）: 2258-2270.

[36] ANNERSTEDT M，JONSSON P，WALLERGARD M，et al. Inducing physiological stress recovery with sounds of nature in a virtual reality forest results from a pilot study［J］. Physiology and Behavior，2013，118（11）: 240-250.

[37] GOEL N，ETWAROO G R. Bright light，negative air ions and auditory stimuli produce rapid mood changes in a student population: a placebo-controlled study［J］. Psychological Medicine，2006，36（9）: 1253.

[38] HONG J Y，JEON J Y. Influence of urban contexts on soundscape perceptions: a structural equation modeling approach［J］. Landscape and Urban Planning，2015，141: 78-87.

[39] JEON J Y，HONG J Y. Classification of urban park soundscapes through perceptions of the acoustical environments［J］. Landscape and Urban Planning，2015，141: 100-111.

[40] JAHNCKE H，HYGGE S，HALIN N，et al. Open-plan office noise: cognitive performance and restoration［J］. Journal of Environmental Psychology，2011，31（4）: 373-382.

[41] SHU S, MA H. Restorative effects of classroom soundscapes on children's cognitive performance [J]. International Journal of Environmental Research and Public Health, 2019, 16 (2): 293.

[42] ALVARSSON J J, WIENS S, NILSSON M E. Stress recovery during exposure to nature sound and environmental noise [J]. International Journal of Environmental Research and Public Health, 2010, 7 (3): 1036-1046.

[43] RATCLIFFE E, GATERSLEBEN B, SOWDEN P T. Bird sounds and their contributions to perceived attention restoration and stress recovery [J]. Journal of Environmental Psychology, 2013, 36: 221-228.

[44] VAN DEN BOSCH M, OSTERGREN P O, GRAHN P, et al. Moving to serene nature may prevent poor mental health: Results from a Swedish longitudinal cohort study [J]. International Journal of Environmental Research and Public Health, 2015, 12 (7): 7974-7989.

[45] MEMARI S, PAZHOUHANFAR M, NOURTAGHANI A. Relationship between perceived sensory dimensions and stress restoration in care settings [J]. Urban Forestry and Urban Greening, 2017, 26: 104-113.

[46] VORLANDER M. Psychoacoustics[M]. Berlin: Springer-Verlag Publishing House, 2020.

[47] KANG J, ALETTA F, GJESTLAND T T, et al. Ten questions on the soundscapes of the built environment [J]. Building and Environment, 2016, 108: 284-294.

[48] SHU S, MA H. The restorative environmental sounds perceived by children [J]. Journal of Environmental Psychology, 2018, 60: 72-80.

[49] COENSEL B D, VANWETSWINKEL S, BOTTELDOOREN D. Effects of natural sounds on the perception of road traffic noise [J]. Journal of the Acoustical Society of America, 2011, 129 (4): 148-153.

[50] RADSTEN-EKMAN M, AXELSSON O, NILSSON M E. Effects of sounds from water on perception of acoustic environments dominated by road traffic noise [J]. Acta Acoustica united with Acustica, 2013, 99 (8): 218-225.

[51] GALBRUN L, ALI T T. Acoustical and perceptual assessment of water sounds and their use over road traffic noise [J]. Journal of the Acoustical Society of America, 2013, 133 (1): 227-237.

[52] NILSSON M E, ALVARSSON J, RADSTEN-EKMAN M, et al. Auditory masking of wanted and unwanted sounds in a city park [J]. Noise Control Engineering Journal, 2010, 58 (5): 524-531.

[53] CAI J, LIU J, YU N, et al. Effect of water sound masking on perception of the industrial noise [J]. Applied Acoustics, 2019, 150: 307-312.

[54] VAN RENTERGHEM T, FORSSEN J, ATTENBOROUGH K, et al. Using natural means to reduce surface transport noise during propagation outdoors [J]. Applied Acoustics, 2015, 92: 86-101.

[55] KOUSSA F, DEFRANCE J, JEAN P, et al. Acoustic performance of gabions noise barriers: numerical and experimental approaches[J]. Applied Acoustics, 2013, 74(1): 189-197.

[56] HOROSHENKOV K V, Khan A, BENKREIRA H. Acoustic properties of low growing plants [J]. Journal of the Acoustical Society of America, 2013, 133 (5): 2554-2565.

[57] PATHAK V, TRIPATHI B D, MISHRA V K. Evaluation of anticipated performance index of some tree species for green belt development to mitigate traffic generated noise [J]. Urban Forestry and Urban Greening, 2011, 10 (1): 61-66.

[58] VAN RENTERGHEM T, ATTENBOROUGH K, MAENNEL M, et al. Measured light vehicle noise reduction by hedges [J]. Applied Acoustics, 2014, 78: 19-27.

[59] WONG N H, TAN A Y K, TAN P Y, et al. Acoustics evaluation of vertical greenery systems for building walls [J]. Building and Environment, 2010, 45 (2): 411-420.

[60] MARGARITIS E, KANG J, FILIPAN K, et al. The influence of vegetation and surrounding traffic noise parameters on the sound environment of urban parks [J]. Applied Geography, 2018, 94: 199-212.

[61] 杨俊, 杨羲. 绿化带对道路噪声衰减作用的研究 [J]. 民营科技, 2018, 224 (11): 121-125+146.

[62] ATTENBOROUGH K, LI K M, HOROSHENKOV K. Predicting outdoor sound[M]. London: Taylor and Francis, 2007.

[63] 俞晓牮. 基于 Cadna/A 的沙坡尾社区改造声环境预测研究 [J]. 声学技术, 2016, 35 (6): 520-522.

[64] VAN RENTERGHEM T., BOTTELDOOREN D., VERHEYEN K. Road traffic noise shielding by vegetation belts of limited depth [J]. Journal of Sound and Vibration, 2012, 331 (10): 2404-2425.

[65] JONASSON H G. Acoustical source modelling of road vehicles [J]. Acta Acustica United with Acustica, 2007, 93 (2): 173-184.

[66] FANG C F, LING D L. Guidance for noise reduction provided by tree belts [J]. Landscape and Urban Planning, 2005, 71 (1): 29-34.

[67] VAN RENTERGHEM T. Guidelines for optimizing road traffic noise shielding by non-deep tree belts [J]. Ecological Engineering, 2014, 69: 276-286.

[68] BASHIR I, TAHERZADEH S, SHIN H C, et al. Sound propagation over soft ground without and with crops and potential for surface transport noise attenuation[J]. Journal of the Acoustical Society of America, 2015, 137 (1): 154-64.

[69] GOLEBIEWSKI R. Simple methods for determination of the acoustical properties of ground surfaces [J]. Archives of Acoustics, 2007, 32 (4): 827-837.

[70] THOMPSON C W, ROE J, ASPINALL P, et al. More green space is linked to less stress in deprived communities: evidence from salivary cortisol patterns [J]. Landscape and Urban Planning, 2012, 105 (3): 221-229.

[71] MALLER C, TOWNSEND M, PRYOR A, et al. Healthy nature healthy people: 'contact with nature' as an upstream health promotion intervention for populations [J]. Health Promotion International, 2006, 21 (1): 45-54.

[72] PRETTY J, PEACOCK J, SELLENS M, et al. The mental and physical health outcomes of green exercise [J]. International Journal of Environmental Health

Research，2005，15（5）：319-337.

[73] RYDSTEDT L W，JOHNSEN S A K. Towards an integration of recovery and restoration theories［J］. Heliyon，2019，5（7）：e02023.

[74] KUESTEN C，BI J，MEISELMAN H L. Analyzing consumers' profile of mood states（POMS）data using the proportional odds model（POM）for clustered or repeated observations and R package 'repolr'［J］. Food Quality and Preference，2017，61：38-49.

[75] GASTON T E，SZAFLARSKI M，HANSEN B，et al. Quality of life in adults enrolled in an open-label study of cannabidiol（CBD）for treatment-resistant epilepsy ［J］. Epilepsy and Behavior，2019，95：10-17.

[76] HAN K T. The effect of nature and physical activity on emotions and attention while engaging in green exercise［J］. Urban Forestry and Urban Greening，2017，24：5-13.

[77] PARK B J，TSUNETSUGU Y，KASETANI T，et al. The physiological effects of Shinrin-yoku（taking in the forest atmosphere or forest bathing）：evidence from field experiments in 24 forests across Japan［J］. Environmental Health and Preventive Medicine，2010，15（1）：18.

[78] 郄光发，王成，房城，等. 城市公园绿地享用方式与居民心境健康关系［J］. 东北林业大学学报，2011，39（11）：111-113.

[79] THOMPSON E R. Development and validation of an internationally reliable short-form of the positive and negative affect schedule（PANAS）［J］. Journal of Cross Cultural Psychology，2007，38（2）：227-242.

[80] SAITTA M，DEVAN H，BOLAND P，et al. Park-based physical activity interventions for persons with disabilities：a mixed-methods systematic review［J］. Disability and Health Journal，2019，12（1）：11-23.

[81] GULWAD G B，MISHCHENKO E D，HALLOWELL G，et al. The restorative potential of a university campus：objective greenness and student perceptions in Turkey and the United States［J］. Landscape and Urban Planning，2019，187：36-46.

[82] HARTIG T，KAISER F G，BOWLER P A. Psychological restoration in nature as

a positive motivation for ecological behavior［J］. Environmental Conservation, 2007, 34（4）: 291-299.

[83] IVARSSON C T, HAGERHALL C M. The perceived restorativeness of gardens-Assessing the restorativeness of a mixed built and natural scene type［J］. Urban Forestry and Urban Greening, 2008, 7（2）: 107-118.

[84] NORDH H, HARTIG T, HAGERHALL C M, et al. Components of small urban parks that predict the possibility for restoration［J］. Urban Forestry and Urban Greening, 2009, 8（4）: 225-235.

[85] GATERSLEBEN B, ANDREWS M. When walking in nature is not restorative-The role of prospect and refuge［J］. Health and Place, 2013, 20（20）: 91-101.

[86] KORPELA K M, YLEN M, TYRVAINEN L, et al. Determinants of restorative experiences in everyday favorite places［J］. Health and Place, 2008, 14（4）: 636-652.

[87] AXELSSON O, NILSSON M E, BERGLUND B, et al. Validation of the Swedish soundscape quality protocol［J］. Journal of the Acoustical Society of America, 2012, 131（4）: 3474.

[88] GOZALO G R, MORILLAS J M B, GONZALEZ D M, et al. Relationships among satisfaction, noise perception, and use of urban green spaces［J］. Science of The Total Environment, 2018, 624: 438-450.

[89] 中华人民共和国住房和城乡建设部. 城市绿地分类标准: CJJ/T 85—2017[S]. 北京: 中国建筑工业出版社, 2017: 2-4.

[90] COBURN A, KARDAN O, KOTABE H, et al. Psychological responses to natural patterns in architecture［J］. Journal of Environmental Psychology, 2019, 62: 133-145.

[91] YU C P, LEE H Y, LUO X Y. The effect of virtual reality forest and urban environments on physiological and psychological responses［J］. Urban Forestry and Urban Greening, 2018, 35: 106-114.

[92] XIE J, ZHANG G, LEE H M, et al. Comparison of soundwalks in major European cities［J］. Applied Acoustics, 2021, 178（12）: 108016.

[93]　BAHALI S，TAMER-BAYAZIT N. Soundscape research on the Gezi Park-Tunel Square toute［J］. Applied Acoustics，2017，116：260-270.

[94]　JEON J Y，HONG J Y，LEE P J. Soundwalk approach to identify urban soundscapes individually［J］. Journal of the Acoustical Society of America，2013，134（1）：803.

[95]　JEON J Y，HONG J Y，LAVANDIER C，et al. A cross-national comparison in assessment of urban park soundscapes in France，Korea，and Sweden through laboratory experiments［J］. Applied Acoustics，2018，133：107-117.

[96]　KOGAN P，TURRA B，ARENAS J P，et al. A comprehensive methodology for the multidimensional and synchronic data collecting in soundscape［J］. Science of the Total Environment，2017，580：1068-1077.

[97]　TYAGI V，KUMAR K，JAIN V K. A study of the spectral characteristics of traffic noise attenuation by vegetation belts in Delhi［J］. Applied Acoustics,2006,67（9）：926-935.

[98]　RASHWAN S S，DINCER I，MOHANY A. Investigation of acoustic and geometric effects on the sonoreactor performance［J］. Ultrasonics Sonochemistry，2020，68：105174.

[99]　HAO Y，KANG J，KRIJNDERS J D. Integrated effects of urban morphology on birdsong loudness and visibility of green areas［J］. Landscape and Urban Planning，2015，137：149-162.

[100]　JIANG L，KANG J. Effect of traffic noise on perceived visual impact of motorway traffic［J］. Landscape and Urban Planning，2016，150：50-59.

[101]　中交公路规划设计院有限公司，公路水泥混凝土路面设计规范：JTG D40—2011[S]. 北京：人民交通出版社，2011：25-27.

[102]　HOWARD D M，ANGUS J A S. Acoustics and Psychoacoustics[M]. 4th ed. London：Focal Press，2009.

[103]　OELZE M L，O'BRIEN W D，DARMODY R G. Measurement of attenuation and speed of sound in soils［J］. Soil Science Society of America Journal,2002,66（3）：788-796.